高等院校工程信息化新形态教材

建筑信息建模（BIM）
基础与应用

瞿 焱 主 编

叶东东 副主编

浙江工商大学出版社
ZHEJIANG GONGSHANG UNIVERSITY PRESS
·杭州·

图书在版编目(CIP)数据

建筑信息建模(BIM)基础与应用 / 瞿焱主编. — 杭州：浙江工商大学出版社，2020.5（2024.2 重印）
 ISBN 978-7-5178-3821-0

Ⅰ.①建… Ⅱ.①瞿… Ⅲ.①建筑设计-计算机辅助设计-应用软件-教材 Ⅳ.①TU201.4

中国版本图书馆CIP数据核字（2020）第069218号

建筑信息建模(BIM)——基础与应用

JIANZHU XINXI JIANMO(BIM)—JICHU YU YINGYONG

瞿　焱　主编　叶东东　副主编

责任编辑	张婷婷
封面设计	林朦朦
责任印制	包建辉
出版发行	浙江工商大学出版社
	（杭州市教工路198号　邮政编码310012）
	（E-mail：zjgsupress@163.com）
	（网址：http://www.zjgsupress.com）
	电话：0571-88904980，88831806（传真）
排　版	杭州红羽文化创意有限公司
印　刷	广东虎彩云印刷有限公司绍兴分公司
开　本	787 mm×1092 mm　1/16
印　张	15.5
字　数	259千
版 印 次	2020年5月第1版　2024年2月第2次印刷
书　号	ISBN 978-7-5178-3821-0
定　价	58.00元

前　言

本教材面向在校工程类专业大学生及相关建筑工程从业人员，介绍了 BIM 的基础操作知识，主要以三维算量 for CAD 为内容主线，对工程计量与计价的 BIM 基础知识和应用进行了详述。三维算量 for CAD 是一款基于 AutoCAD 平台开发的工程计量软件，是国内技术领先并实现土建与钢筋同时计算的三维计量软件，并且突破了 BIM 信息交换与分析的局限，真正实现了"一模多用"。在建筑信息技术普及发展的背景下，掌握高效的 BIM 软件工具，是每位工程人员需要掌握的基本技能。

编者具有多年从事 BIM 应用和教学的经验。本教材内容也是 BIM 经验与成果的分享，通过完整的工程项目案例，从无到有，由浅至深地介绍了该软件的基本运用，并以实例详细展开解说，帮助用户一步步掌握三维算量 for CAD 的使用方法。用户还可以通过扫描相关章节的二维码获取本章节的视频教程或者教学资源，以进一步巩固所学的内容。

本书作为一本 BIM 入门级教材，介绍了从手工建模到识别建模，从算量模型到多领域应用的 BIM 模型，从 BIM 到 CIM 等多方面的知识，并具备以下特点：

易学性：本教材的撰写是基于初学者的角度，因此除了建筑相关专业的学生和从业人员外，零基础的非建筑专业学生或者跨行业读者都能够依据本教材一步步地完成BIM的应用学习和操作。

实用性：本教材以实际工程项目建模案例为主线，不仅让读者在学习的过程中目标明确，而且可以迅速掌握实际工程中BIM的基础知识和BIM模型多领域应用的方法。

配套性：本教材案例与章节的内容配套，在学习建模过程中若在某个环节出现学习困难，读者可返回相应的章节查看章节内容或者观看视频。

自测性：学员们可以按照最后一个章节的要求完成实操练习，以验证学习效果，如发现某部分知识没有完全掌握，可以反复结合书本和视频进行学习。

本教材以三维算量for CAD 2019版为基础进行实操的讲解，教材中涉及的开放软件版本分别为：Revit 2016版、Navisworks 2016版、节能分析软件2018版、日照分析软件2018版、采光分析软件2018版、BIM 5D 2018版、Fuzor 2017版，但教材中介绍的功能不限于上述版本。

本教材依据学习进程主要分为七大章节。第一章：认识三维算量for CAD，软件常用命令；第二章：建模准备，设置项目的信息，包括计算规则设置等；第三章：建筑的主体结构模型创建，包括基础、柱子、梁、板、节点构件、楼梯及相应构件钢筋的布置；第四章：建筑构件创建，包括墙体、门窗、二次结构构件、装饰等；第五章：模型创建完成之后工程量的汇总计算及软件计价方法讲解；第六章：算量模型在多领域应用的方法；第七章：案例练习。

本教材的出版得到了浙江省省级实验教学示范中心重点建设项目"现代商贸信息技术与工程实验教学示范中心"与教育部产学合作协同育人项目"实践条件和实践基地建设"的大力支持，在此特别鸣谢，同时感谢吕萍、胡珊瑚等同志在教材出版过程中给予我们的建议、支持与帮助。

目 录

初识三维算量 for CAD

1.1 三维算量 for CAD软件概述

　　三维算量 for CAD 简写为 3DA，是一款集土建、钢筋和装饰工程量计算的三维图形化计量软件。

　　时代经济持续发展，建设项目的规模不断扩大，单体建筑的形体也日趋复杂，这就对预算人员的综合素质要求有所提高，要求其在保证准确率的基础上提高工作效率。传统的手工计算模式往往会将大部分时间消耗在计算重复量大且繁琐的建筑构件之上，预算人员在工程量计算上所花费的时间就占90%以上，若计算过程复杂，则更加容易出错。

　　随着建筑信息化的发展，预算人员对工程量计算工具的使用需求也不断增大，因此，三维算量软件应运而生。

　　三维算量 for CAD 能够将各地的清单定额、土建算量、钢筋算量及装饰算量统一于一个整体，对三维图形中的各个构件进行清单定额的挂接，根据所选定的清单定额计算规则，结合现行钢筋标准，软件自动进行相关构件的分析扣减，从而得到建设工程项目的相关工程量。如图 1-1 至图 1-4 所示分别为土建图形、钢筋图形、装饰图形、工程量清单。

图 1-1

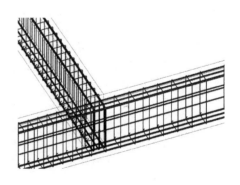

图 1-2

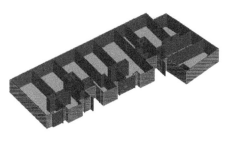

图1-3

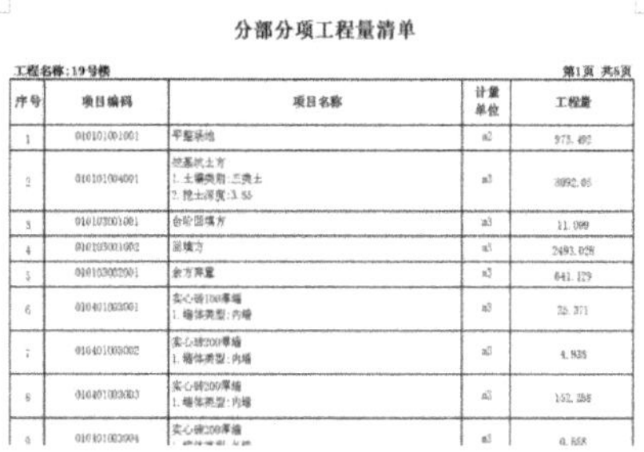

分部分项工程量清单

工程名称:19号楼　　　　第1页 共5页

序号	项目编码	项目名称	计量单位	工程量
1	010101001001	平整场地	m2	973.492
2	010101004001	挖基坑土方 1.土壤类别:三类土 2.挖土深度:3.55	m3	3092.05
3	010103001001	台阶回填方	m3	11.099
4	010103001002	回填方	m3	2493.028
5	010103002001	余方弃置	m3	641.129
6	010401003001	实心砖100厚墙 1.墙体类型:内墙	m3	25.371
7	010401003002	实心砖200厚墙 1.墙体类型:内墙	m3	4.935
8	010401003003	实心砖200厚墙 1.墙体类型:内墙	m3	152.288
9	010401003004	实心砖200厚墙	m3	0.858

图1-4

1.2 软件的安装与卸载

1.2.1 软件安装

三维算量 for CAD 可以登录官方网站进行下载，三维算量 for CAD 软件的官方网站地址为：http://i.thsware.com/download。

登录网页之后，单击网页上方“软件下载”按钮，进入软件下载选择界面。在左边菜单中选择“产品分类”目录下的“三维算量 for CAD”，选择最新版软件下载即可，如图1-5所示。

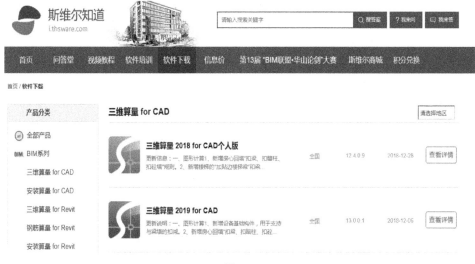

图1-5

安装三维算量for CAD软件需要以下软件环境支持：

（1）电脑操作系统环境：2000/XP/2003/WIN7/WIN8中文操作系统平台，推荐操作系统为中文Windows /2000/XP/2003/WIN7/WIN8/WIN10，分别支持32位和64位操作系统。

（2）软件运行CAD平台之上，安装三维算量for CAD软件之前需要安装CAD，支持版本：AutoCAD2002～AutoCAD2012中、英文版（安装时用典型安装的方式安装即可），支持32/64位CAD。

软件下载完成后，启动安装程序"Setup.exe"（安装之前确保已经安装了符合要求的CAD，并能够正常运行），如图1-6所示。

Sysdata　　Readme.txt　　Setup.exe　　Setup.ini

图1-6

进入程序安装步骤之后，首先会弹出版本选择对话框，这里我们选择授权方式为"单机锁"，如图1-7所示。

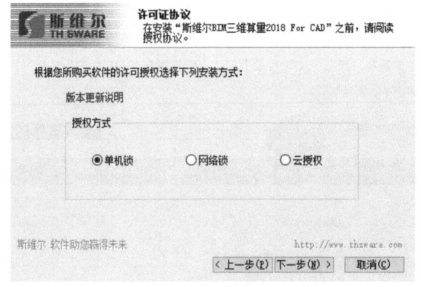

图1-7

单机锁指的是通过单机加密锁使用软件，网络锁使用的是网络加密锁，即局域内多台电脑共享一把锁，云授权则是通过输入授权码的方式获得软件使用权。

选择好软件安装版本之后，点击"下一步"，进入软件安装路径界面，软件默认安装在 D 盘，并会自动创建一个名为"THSware"的文件夹，将软件安装在"THSware"文件夹下的"3DA"文件夹中。点击"浏览"也可自己指定安装路径。指定完安装路径之后点击"安装"，软件会弹出选择安装定额库的对话框，根据自己的需求勾选地方定额库即可，也可以全选安装全国各省的地方定额库。选择"覆盖安装"，点击右下角"安装"按钮安装，如图1-8所示。

图1-8

本地化数据库（定额库）安装完成以后，软件自动安装加密锁服务程序，当出现如图1-9所示对话框，则软件安装完成，点击"完成"即可。

图1-9

1.2.2　软件卸载

在安装路径下找到"UnInst.exe"，如图1-10所示，启动卸载程序即可。

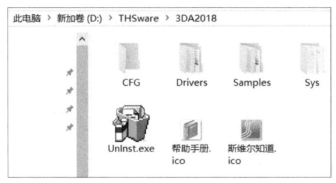

图1-10

如果提示"是否确认彻底删除三维算量本地化数据库"，选择"否"时，本地化数据库将不被卸载，之后当您再次安装程序时，可不用选择安装本地化数据库。如果卸载了本地数据库，系统会将历史记录和本地化工作内容都删除掉。

1.3　启动软件

启动桌面图标，如图1-11所示。当计算机中安装了多个版本的CAD时，软件会弹出"启动提示"对话框，要求我们选择其中一个版本的CAD来运行三维算量软件，如图1-12所示。

图1-11

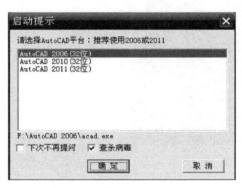

图1-12

选择好相应的CAD版本之后，选择"确定"按钮，进入软件界面，首先会弹出"打开工程"对话框，提示我们是新建工程还是打开已有工程，在"最新工程"区域会显示最近一段时间内软件打开过的项目文件。另外，软件左下角也提示了我们"推荐使用Autodesk 2006或2011"，图示界面为基于CAD 2011平台，如图1-13所示。

图 1-13

选择"新建工程"按钮，进入新建工程对话框，按照对话框的提示完成项目文件的基本设置，即完成新建工程名称、选择工程模板、选择保存路径操作，如图1-14所示。

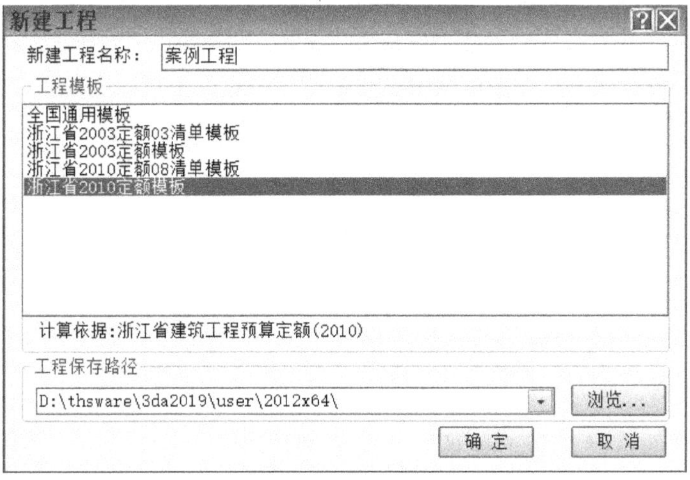

图 1-14

1.4 三维算量for CAD基本操作

1.4.1 用户界面

进入软件界面之后，会发现其界面与Autodesk CAD操作界面非常相似，原因就在于三维算量for CAD是基于CAD平台进行二次开发的软件，继承了CAD软件所有的快捷操作命令，用户界面非常友好易用。接下来，我们对如图1-15所示软件操作界面的各个模块分别做介绍。

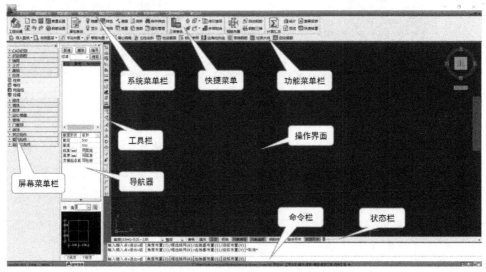

图1-15

（1）系统菜单栏

"系统菜单栏"位于界面最上方，一共包含9个菜单命令。前4个命令主要用于项目文件管理、创建三维模型、工程量计算辅助及模型检查等功能的应用；使用"模型交互"菜单命令可以将算量模型转换成sfc格式文件，通过此文件把算量模型转换成BIM模型，导入BIM应用平台软件进行各个阶段模型的应用，或者将BIM模型导入算量软件进行钢筋工程量的快速识别计算；"CAD操作"菜单命令可实现CAD软件的功能使用，或者通过在命令栏输入CAD快捷操作命令同样能够实现调用

CAD操作；"数据维护"菜单命令是对软件数据库进行批量管理操作；"工具与帮助"和"窗口"命令是软件辅助性菜单功能，读者可自行尝试使用命令。系统菜单如图1-16所示。

图1-16

（2）快捷菜单

"快捷菜单"位于系统菜单栏下方，主要包含5个功能模块。"工程设置"模块是对建模的环境进行基本的设置，包括清单定额标准、钢筋标准、自定义计算规则等；"属性查询"模块是查询及筛选构件模型属性值常用的功能；"三维着色"模块是对模型的三维状态显示做自定义的调整，如设置单层显示模型或者多层显示模型，模型显示为着色或线框状态等；"钢筋布置"模块功能应用极其方便，任何需要布置钢筋的构件都可以通过"钢筋布置"功能对其进行钢筋的布置，并且软件能够实现按照施工要求自动布置钢筋；"计算汇总"模块是在完成部分模型创建或全部模型创建之后，对项目进行工程量计算。各个功能模块如图1-17所示。

图1-17

（3）功能菜单栏

"功能菜单栏"位于"快捷菜单"下方，其内容的显示根据软件使用者当前的构件不同，例如，在屏幕菜单中选择柱子构件，则功能菜单栏中显示的快捷命令是与布置柱子相关的功能。但"导入图纸"和"冻结图层"两个功能是固定不变的，不会随构件的不同而变化，功能菜单如图1-18所示。

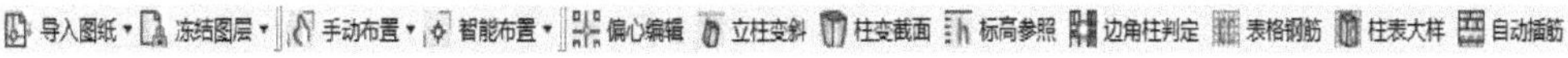

图1-18

（4）屏幕菜单栏

"屏幕菜单栏"位于软件最左方，显示为一列的菜单，如图1-19所示。单体建筑的任何部位都可以通过这一菜单栏进行创建，它是建模过程中主要应用的菜单栏。就建模行为而言，屏幕菜单栏提供了主要的两种建模方式，即识别布置和手动布置。识别图纸布置构件主要通过"CAD识别"和"识别钢筋"两个功能模块。其余功能模块主要适用于手动自定义布置及智能布置，其名称按照建筑的各个主要部位进行命名，对于异形的建筑部位，可以通过"其他构件"中的"节点构件"或者"自定义构件"布置，如图1-20使用"自定义构件"创建的古亭。

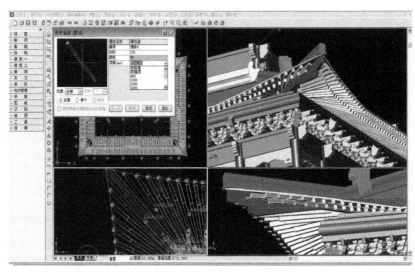

图1-19　　　　　　　　　　　　　　　图1-20

若在软件使用过程中不小心将屏幕菜单关闭了，可通过使用键盘上的"Ctrl"键加"F12"键将其显示出来。

（5）导航器

在屏幕菜单中选择任意一个构件之后，在屏幕菜单的右边就会出现一个集成对话框，即"导航器"。这个集成对话框显示了构件的常规属性设置、构件名称的定义及定位点设置等，如图1-21所示。在绘图区域布置构件之前，我们要在该导航器中设置好构件的编号、属性等信息之后再进行布置，避免出现构件属性设置遗漏或错误的现象。

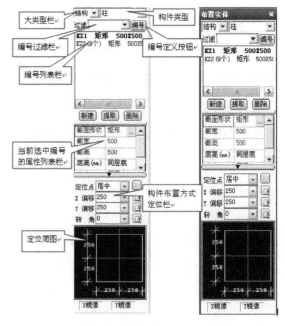

图1-21

（6）工具栏

"工具栏"位于导航器的右侧，没有导航器时它在屏幕菜单的右侧。工具栏调用了 CAD 的快捷操作命令，默认主要分为图形修改工具和查询工具两大类。读者也可自己在快捷菜单的空白位置，在右键菜单中调用自己想要的工具。

（7）操作界面

"操作界面"在软件中占的位置最大，它是绘图及模型显示的区域。三维算量 for CAD 软件能够实现二、三维同时显示，并具有同步修改功能。将鼠标移动至工具栏与操作界面左边的交界处，鼠标会变成一个双向箭头符号，此时按住鼠标左键不动，将其进行拖拽，会出现一条垂直的分割线，移动至自己想要的位置后松开鼠标左键，就会形成两个视口。可以尝试在其他交界处拖拽出分割线，形成多个视口，如图 1-22 所示。

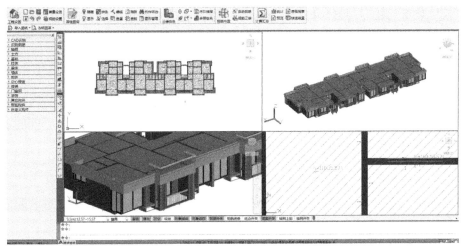

图 1-22

（8）状态栏

"状态栏"位于操作界面的下方，通过该栏目可以实现切换楼层及调整模型的显示状态等功能，如图 1-23 所示。

首层(3.9m):-0.05~3.85   整层   着色 填充 正交 极轴 对象捕捉 对象追踪 钢筋线条 组合开关 底图开关 轴网上锁 轴网开关

图 1-23

（9）命令栏

"命令栏"位于界面的最下方，它的功能类似于 CAD 软件的作用，可以输入快捷操作命令键实现 CAD 功能的调用，当三维算量软件在操作的过程中忘记了下一步操作，可查看命令栏的提示进行操作。

1.4.2 基本术语

为了避免读者对软件操作过程中一些术语产生混淆，这里罗列了几个比较典型的术语进行解释。

（1）拖动与拖放

拖动，操作步骤：在三维算量 for CAD 软件中选择某一构件，软件会给出被选中图形的动态反馈——图形被选中状态下会出现夹点，左键点取夹点位置，移动光标至相应位置后再次左键点击放置构件。通过夹点编辑的使用是拖动操作。

拖放，操作步骤：Windows 系统的常用操作之一，鼠标左键按住不放，移动光标至目标位置后松开左键，操作生效。在三维算量软件使用中，常通过按住鼠标滚轮不放进行拖放操作。

（2）窗口与视口

窗口：Windows 操作系统的界面。

视口：三维算量软件的视图区域，软件中自定义分割出多个视口，不同的视口可根据需要显示不同的视图。

（3）图元与对象

图元指的是三维算量软件中的图形对象，它是用户与软件交互的基本图形单位，例如，土建模型中，一根柱子代表了一个图元。

对象可按照几何空间属性、来源、范畴和含义进行分类，这里我们统一按照含义进行对象分类，即按照土建专业定义的图形对象，例如，图形对象为框架柱，代表了土建模型中所有的框架柱。

（4）正框选与反框选

正框选，操作步骤：在操作界面中，光标在图元的左上方左键点击一次，往图元的右下角框选，直至框选范围包含了想要选择的图元后再次鼠标左键点击一次。

反框选，操作步骤：在操作界面中，光标在图元的右下角左键点击一次，往图元的左上方框选，直至框选想要选择图元的一部分或者全部后再鼠标左键点击一次。

1.4.3 常用操作

三维算量 for CAD 软件基于 CAD 平台开发，继承了 CAD 软件的快捷操作命令，这些命令在三维建模的过程中也会经常用到，这里我们罗列了在建模过程中经常会使用到的 CAD 操作命令及算量软件操作过程中特有的常用功能命令。

（1）移动

快捷命令：M

操作步骤：选中需要移动平面的图元或对象→命令栏中输入字母"M"→按下键盘上的回车键或空格键执行命令→光标选择移动的基点→指定第二个点作为移动的定位点，完成移动命令操作。如图 1-24 所示。

图 1-24

（2）复制

快捷命令：CO

操作步骤：选中需要复制的图元或对象→命令栏中输入字母"CO"→按下键盘上的回车键或空格键执行命令→光标选择复制的基点→指定第二个点作为复制的定位点，完成复制命令操作→点击鼠标右键，退出复制命令。如图 1-25 所示。

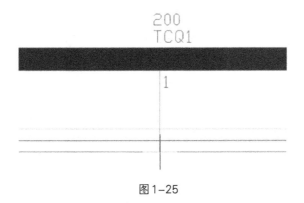

图 1-25

（3）镜像

快捷命令：MI

操作步骤：选中需要镜像的图元或对象
→命令栏中输入字母"MI"→按下键盘上的
回车键或空格键执行命令→绘制镜像轴线
（两点绘制）→完成复制命令操作→点击鼠
标右键，退出镜像命令。如图1-26所示。

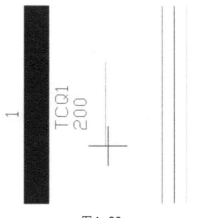

图1-26

（4）旋转

快捷命令：RO

操作步骤：选中需要旋转的图元或对象
→命令栏中输入字母"RO"→按下键盘上
的回车键或空格键执行命令→指定旋转圆心
→指定旋转角度（关闭正交）→按下键盘上
的回车键或空格键执行命令→完成旋转命令
操作。如图1-27所示。

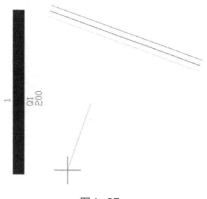

图1-27

（5）偏移

快捷命令：OF

操作步骤：命令栏中输入字母"OF"→
按下键盘上的回车键或空格键执行命令→在
命令栏输入偏移距离→按下键盘上的回车键
或空格键→选中需要偏移的图元或对象→指
定要偏移的那一侧上的点→完成偏移命令
操作→点击鼠标右键，退出偏移命令。如图
1-28所示。

（6）距离查询

快捷命令：DI

操作步骤：命令栏中输入字母"DI"→
按下键盘上的回车键或空格键执行命令→指
定所要查询距离的第一点→指定所要查询距

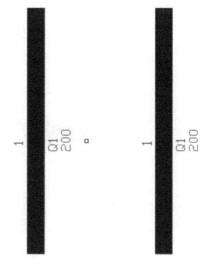

图1-28

离的第二点→完成偏移命令操作，在命令栏中查看信息。如图1-29所示。

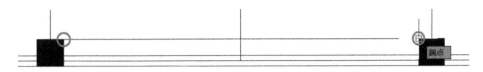

图 1-29

（7）分解图纸

快捷命令：X

操作步骤：选中要被分解的图纸或图块→命令栏输入字母"X"→按下键盘上的回车键或空格键→完成分解图纸命令操作。

（8）构件查询

快捷命令：GJCX

操作步骤：选中所要查看属性的图元构件→鼠标右键菜单中选择"构件查询"，如图1-30所示→点击鼠标右键→弹出构件查询对话框如图1-31所示→完成命令操作。

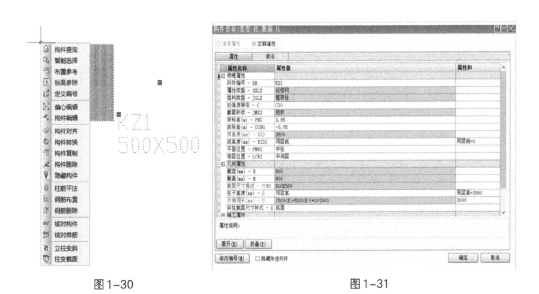

图 1-30   图 1-31

（9）三维着色

功能：二维与三维视图的切换。

操作步骤：点击快捷菜单中"三维着色"按钮，如图1-32所示。

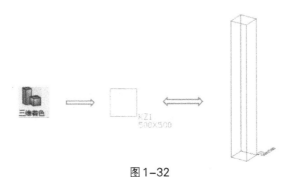

图1-32

（10）构件显隐操作

在建模过程中，我们经常会设置某对象为不可见。例如，要进行砌体墙建模时，为了避免梁体的遮挡而影响墙体的建模，需要关闭梁体的可见性，这时候可以通过按下键盘上的"Ctrl"键加数字"3"键完成梁的显示或隐藏操作。其他的构件显隐快捷键可以参照表1-1进行操作。

表1-1　构件显隐快捷键

显隐构件	快捷键
轴网开关	Ctrl+1
柱子开关	Ctrl+2
梁体开关	Ctrl+3
砼墙开关	Ctrl+4
砌体墙开关	Ctrl+5
板开关	Ctrl+6
门窗开关	Ctrl+7
地面开关	Ctrl+8
天棚开关	Ctrl+9
备注:快捷键可在"系统选项"里自定义设置。	

第2章

项目开始

从本章节开始我们进入案例模型绘制的讲解。由于三维算量 for CAD 正版需要购买授权锁，但是软件公司做得比较人性化的一点就是如果没有插入软件授权锁，软件将会以学习版的形式运行。学习版与正式版的主要区别在于，学习版的三维算量软件每层的构件数量有所限制以及创建的楼层数也有限制，其余主要软件功能并未做限制，因此，对于刚接触工程量电算化的人来说完全可以体验软件的操作，这里也选取了满足操作需求的案例工程来进行讲解。读者可以通过扫描本章节的二维码获取案例工程图纸。

本案例选取的是一栋建筑总高为18.9m的5层综合楼，结构形式为钢筋混凝土结构，结构体系为框架结构，柱下十字交叉基础，抗震设防烈度为6度，结构安全等级为二级，关于建筑的其余相关说明可查看结构施工图设计说明和建筑施工图说明。根据图纸相关说明设置好后的工程设置界面效果如图2-1所示。

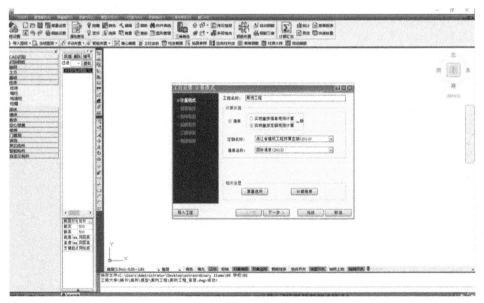

图2-1

2.1 工程设置

在上一章节中我们新建了一个工程，点击"新建工程"按钮之后会弹出"工程设置"对话框，如图2-2所示。该集成对话框共分为六大模块，分别是计量模式、楼层设置、结构说明、建筑说明、工程特征、钢筋标准。这是我们进行建模之前要做的第一件事情，如果在建模过程中发现工程设置这一步骤我们信息填写错误，是可以返回进行修改的，但是尽量避免返工为好。

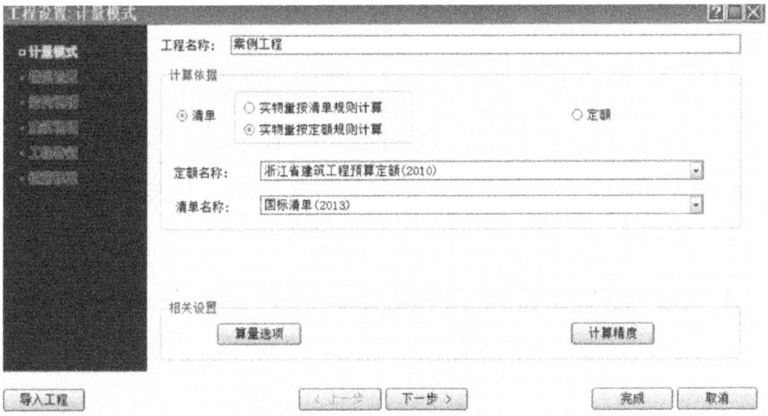

图 2-2

2.1.1 计量模式

如图2-2所示，在计量模式下，工程名称为在新建工程时设置的名称。计算依据指的是工程量计算所依据的计算规则，这里有多个选项。选择清单模式——实物量按清单规则计算，该模式下模型实物量按照所选清单计算规则计算；选择定额模式——实物量按定额规则计算，该模式下只能对构件挂接定额条目，并且结算规则按照所选定额计算。

本案例工程选择实物量按定额规则计算。

左下角"导入工程"按钮用于导入一个其他工程已经设置好的数据信息，包括计量模式在内的其余5个模块的信息。例如，1#楼与2#楼为同一小区内的住宅楼，两幢楼的工程信息一致，建模时两幢楼分为两个项目文件进行建模，1#楼已完成建模，进行2#楼建模时就可以导入1#楼的工程设置信息。这样能够缩减建模时间，在保证一致性的前提下提升工作效率。导入步骤如图2-3所示。

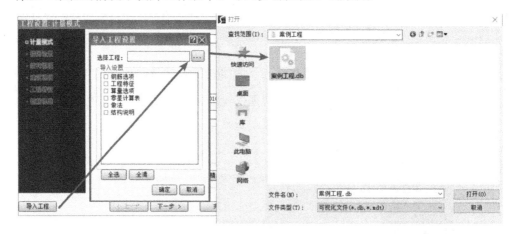

图2-3

"算量选项"按钮可用于自定义设置构件计算规则、工程量输出内容等，如图2-4所示。

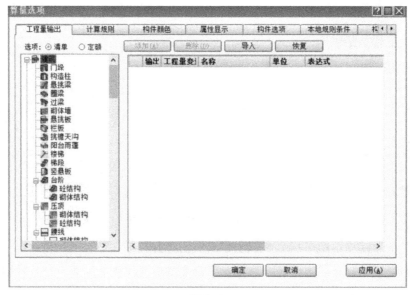

图2-4

"计算精度"按钮用于设置项目文件的计算精确度，按需自行设置即可。

2.1.2 楼层设置

进入"楼层设置"模块，默认数据如图2-5所示，在这里面需要输入每一层的层高信息。标高可分为建筑标高和结构标高，建筑标高是指当前层完成地面装饰工程之后的建筑完成面标高，结构标高是指主体结构施工完成，混凝土楼板的板面标高。这里我们按照楼层表的结构标高来进行设置，这样我们在布置主体结构构件时更加方便操作——直接设置柱、梁、板的顶部标高为同层顶即可，而不需要将建筑标高再减去地面装饰厚度来得出柱梁板的顶部高度。

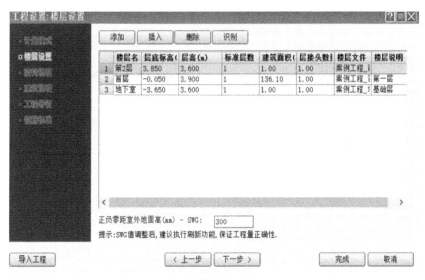

图2-5

（1）获取标高信息

使用CAD软件打开案例工程的结构施工图纸，可以找到楼层表如图2-6所示。

（2）创建标高

通过识别楼层表的方式完成楼层设置，操作步骤：

①在CAD软件中找到楼层表，并框选楼层表，按下键盘的"Ctrl"＋"C"键（复制），如图2-7；

②切换至三维算量for CAD软件，先关闭工

楼层名称	层底标高(m)	层高(m)
冲层	18.00	3.00
第5层	14.40	3.60
第4层	10.80	3.60
第3层	7.20	3.60
第2层	3.60	3.60
第1层	-0.60	4.20
基础层	-2.10	1.50
楼层表		

图2-6

程设置对话框，按下键盘的"Ctrl"＋"V"键（粘贴），将楼层表拷贝至算量软件，如图2-8；

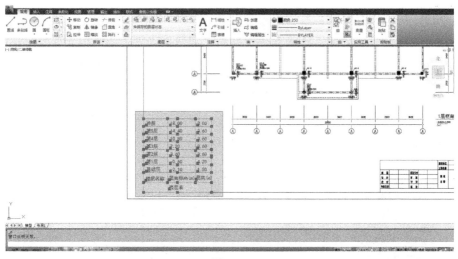

图 2-7

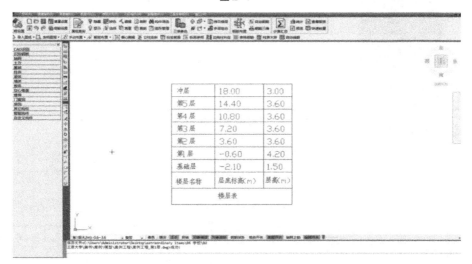

图 2-8

③再次选择三维算量软件左上方的"工程设置"菜单，切换至楼层设置模块，点击"识别"按钮，光标变成了一个小矩形框，查看命令栏提示"请选择表格线"，移动鼠标框选楼层表；

④点击鼠标右键，弹出"识别楼层表"对话框，提示是否识别正确，是否需要修改，如没有问题则点击右下角"确定"按钮；

⑤楼层表识别完成，如图2-9所示。

图2-9

"正负零距室外地面高"用来设置正负零距离室外地面的高差值，蓝色字体为必填项，该值用于控制挖基础土方的深度。

（3）高差值获取

使用CAD软件打开建筑施工图纸，找到建筑剖立面图，得知正负零距离室外地坪高度为600mm，如图2-10所示。

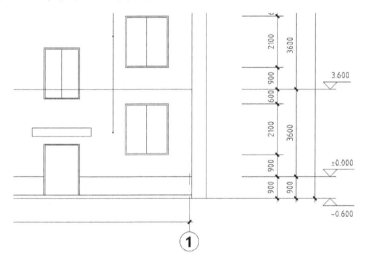

图2-10

通过查看图纸获取到正负零距离室外地坪高差值之后直接填入方框内即可，替换原来的默认值"300"为"600"。

2.1.3 结构说明

进入"结构说明"模块，默认信息如图2-11所示，在这里要填入案例工程的结构信息，包括混凝土强度等级信息、抗震等级信息、保护层厚度、结构类型，这几项信息与钢筋工程量计算和计价信息息息相关。在这个模块里进行统一设置后，建模时就不需要对构件再次进行结构信息的设置，当然，对于部分有设计要求的构件可以在建模过程中进行单独设置。

图2-11

（1）混凝土强度等级信息获取

使用CAD软件打开案例工程结构施工图纸，在结构设计总说明中查看有关混凝土强度等级的信息。发现相关信息有：总说明第五项"主要结构材料"，如图2-12所示。但该表格只提供了框架柱、框架梁、现浇板、构造柱、圈梁和过梁的混凝土强度等级，并没有告知基础及垫层的混凝土材料信息。因此，此表并不完整，需要继续阅读结构设计总说明。阅读至总说明第六项，告知地基基础信息"详见结施6说明"，意为关于基础的相关信息需要查看结构施工图6号图纸的说明。找到结施6图纸，获知混凝土垫层强度等级为C10，基础混凝土等级：底板C25，基础梁C25，独立基础C25，短柱C25。

五. 主要结构材料

（1）砼（见下表）

	框架柱	框架梁	现浇板
1-5层	C25	C25	C25
冲层	C25	C25	C25
注：构造柱、圈梁、过梁混凝土强度等级为C20			

钢筋选用表

部位	钢筋型号	直径
框架柱	纵筋：Φ /箍筋：Φ	Φ14~22 /Φ6~Φ12
框架梁	纵筋：Φ /箍筋：Φ	Φ14~22 /Φ6~Φ12
现浇板	受力筋：Φ	Φ8,Φ10

图2-12

（2）填写混凝土材料信息

将根据图纸说明获得的结构材料信息填入"砼材料设置"一栏，如图2-13所示。混凝土垫层的强度等级在定义构件时进行设置，这里不做要求。

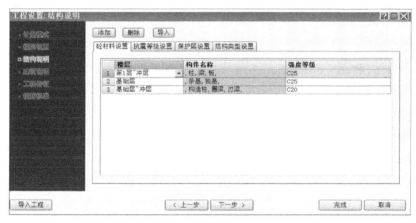

图2-13

（3）抗震等级强度设置

查看结构设计总说明：综述→工程设计条件→结构抗震等级表，获知案例工程框架三级抗震，故设置框架结构构件的抗震等级为"3"，如图2-14所示。

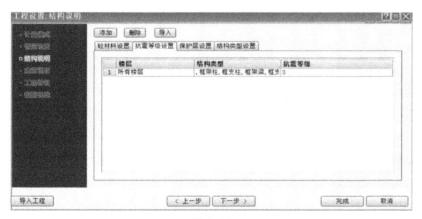

图2-14

"保护层设置"和"结构类型设置"在本案例工程中按照默认设置即可，因为这两项分别按照规范和软件识别规则设置，除非特殊说明，否则不宜改动。

2.1.4 建筑说明

进入"建筑说明"模块，默认信息如图2-15所示，包含砌体材料设置和侧壁基层设置两块内容，这里主要填入砌体材料。

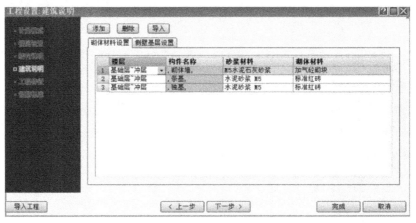

图2-15

查看结构设计总说明第五项主要结构材料→框架填充墙，获知砂浆材质为M5混合砂浆；查看建筑设计总说明第六项施工中应注意的问题及统一技术要求→墙体，获知图中未标注厚度的墙体均为200厚蒸压加气混凝土砌块。故在"砌体材质"一列选择"加气砼砌块"材质，如图2-16所示。

图2-16

2.1.5 工程特征

进入"工程特征"模块，默认信息如图2-17所示，包含工程概况、计算定义、土方定义三块内容，是对案例工程的全局性设置，对话框提示蓝色字体为必填项目。

图2-17

（1）工程概况

建筑面积一栏默认值为"1"，当模型中布置了"建筑面积"这一构件，其对应的值则会自动反映到这一栏，如果没有布置，则值为"1"；案例工程的结构特征为框架结构，我们可以通过点击"结构特征"后面的属性栏，在弹出的下拉菜单中选择相应的结构类型。

（2）计算定义

模板类型按照实际施工方案进行选择，本案例中我们选择模板类型为普通木模板。结构设计总说明第八项"砌体工程"中告知了案例工程砌体墙贴缝处需要贴每边不少于250mm宽的钢丝网，因此需要计算钢丝网的工程量，设置贴缝宽为"500"。阴角及外墙面不要求贴钢丝网，因此，属性值选择"否"。如图2-18所示。

（3）土方定义

由于没有提供案例工程的施工组织方案资料，相关施工方法可自行选择，亦可统一按默认值设置。在进行工程量清单汇总的时候，三维算量软件会根据工程特征里的属性值自动生成清单的项目特征，作为归并工程量的条件之一。

图2-18

2.1.6 钢筋标准

现行钢筋标准为"16G101系列",因此这里的钢筋标准我们也选择它,如图2-19所示。

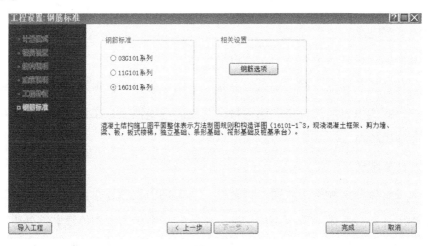

图2-19

2.2 建立轴网

轴网用于建筑构件的水平定位，是建模过程中必不可少的组成部分，并且每一楼层都要绘制出轴网，如果每层或其中基层一样，则可以通过"拷贝楼层"的命令进行复制。

2.2.1 首层轴网创建

手动创建轴网步骤：

（1）获取轴网信息，打开结构施工图纸，可以参照图号"G-9/21"1层框架柱平面图，得到轴网数据如表2-1所示。

表2-1

上（下）开间							
1～2	2～3	3～4	4～5	5～6	6～7	7～8	8～9
3600mm	3600mm	3600mm	3600mm	3600mm	3600mm	3600mm	3600mm
左（右）进深							
A～B		B～C		C～D		D～E	E～F
2700mm		5400mm		2400mm		3100mm	3200mm

（2）进入三维算量 for CAD 软件操作界面，在状态栏最左端楼层选择栏里选择当前层为第一层，如图2-20所示，在屏幕菜单中选择"轴网"，选择下拉菜单中的"轴网"，弹出"绘制轴网"对话框。

图2-20

（3）按照步骤（1）获取的轴网数据填写轴距信息，由于左右进深的轴距一致，我们在输入轴距时可勾选"两侧标注"，避免重复输入相同信息，在"键入栏"填入数据时，输入一个轴距数值后按下回车键确定，即可生成轴线，如图2-21所示。上下开间的信息填写方式相同，由于上下开间的轴距相同，可以直接在"键入栏"输入"8×3600"。

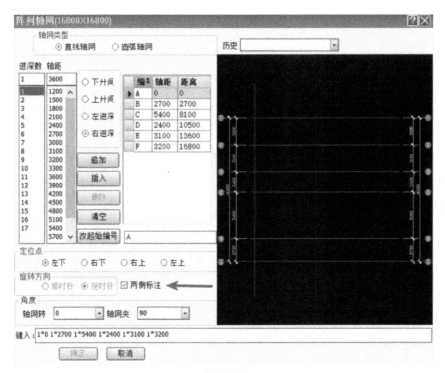

图 2-21

（4）轴距信息填写完成之后点击左下角的"确定"按钮即可，如图2-22所示。

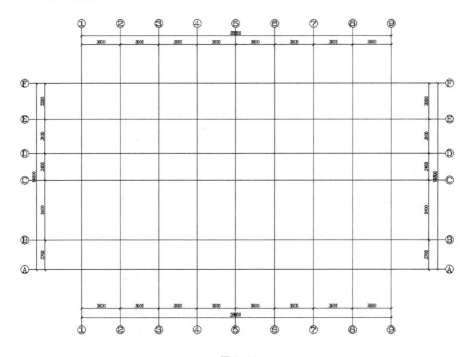

图 2-22

2.2.2 拷贝楼层

首层轴网绘制完成后，接着需要绘制其余楼层的轴网，查看图纸可知，每一层的轴网都是相同的，意味着在首层绘制的轴网可以与其他楼层共用。通过框选轴网并复制，切换至其他楼层进行粘贴的方式虽然可以实现其他楼层轴网的创建，但是操作比较繁琐且容易出错，这里我们通过"拷贝楼层"这一功能实现轴网的批量复制。

操作步骤：在"快捷菜单"中选择"拷贝楼层"功能，弹出"楼层复制"对话框，"源楼层"默认为当前工作楼层，也可以自己点击下拉箭头选择楼层，在"选择构件类型"栏目选择要复制的对象——轴网，在"目标楼层"栏目勾选全部楼层，或者直接点击下方"全选"按钮，如图 2-23 所示。选择完成之后点击"确定"按钮完成各个楼层轴网的创建。

图 2-23

第 **3** 章

结构建模

3.1 基础层结构柱布置

使用CAD软件打开结构施工图纸，查看图号"G-8/21"基础梁平面图，获知本案例工程采用条形基础，并且以首层框架柱为支座进行分跨，在A轴与4轴、A轴与6轴的交点处分别有一个独立基础。

查看图号"G-9/21"一层框架柱平面图，获知本案例工程首层柱子的底部与基础的顶部高度平齐（柱子的高度范围为基础顶～3.60m）。

在状态栏最左端楼层选择栏中，选择工作楼层为"基础层"，如图3-1所示。

| 基础层(1.5m):-2.1~-0.6 | 整层 | 着色 | 填充 | 正交 | 极轴 | 对象捕捉 | 对象追踪 | 钢筋线条 | 组合开关 | 底图开关 | 轴网上锁 | 轴网开关 |

图3-1

本节通过两种方式来创建基础层柱子，即手动布置和识别布置。

3.1.1 手动布置框架柱

在状态栏最左端楼层选择栏里选择当前层为"基础层"。

框架柱创建步骤：

（1）复制图纸

在CAD软件中框选"1层框架柱平面图"，按下"Ctrl＋C"键，切换至三维算量for CAD软件界面，按下"Ctrl＋V"键，鼠标左键点击空白位置完成图纸复制。

（2）图纸定位

在三维算量软件中框选图纸，输入字母"M"→按下回车键执行移动命令→命令栏提示捕捉基点，这里我们指定基点为1轴线与B周线的交点（虚线交点），如图3-2所示→第二个点我们指定之前绘制轴网的1轴和B轴的交点，将CAD图纸与轴网进行重叠。

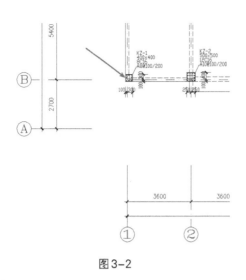

图3-2

（3）定义编号

点开屏幕菜单中"柱体"，下拉菜单中选择"柱体"，出现导航器如图3-3所示。点击右上角"编号"按钮，进入"定义编号"对话框。由于在"基础设计说明"中告知了基础短柱混凝土强度为C25，故将"砼强度等级"一栏属性值改为C25，可通过下拉菜单选择或者直接手动输入"C25"。查看图纸"1层框架柱平面图"，1轴线与B轴线的交点上是编号为"KZ-1"的柱子，柱子截面为"400×400"，我们从左下角的位置，按照从左向右的顺序来进行柱子的布置，因此我们首先将"构件编号"一栏的属性值改为"KZ-1"，将"截宽"和"截高"的值都改为400。编号为"KZ-1"的柱子定义完成之后，点击左上角"新建"按钮，软件会在"KZ-1"柱子的基础上进行构件属性的复制，但是编号顺延——在"KZ-1"的基础上新建出来的

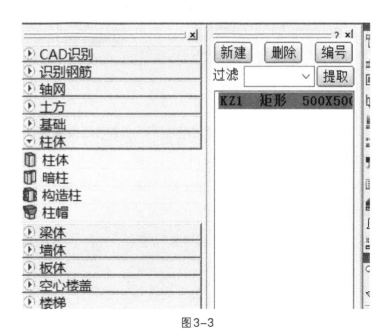

图3-3

35

构件编号为"KZ-2",并且除了名称以外的属性值都一样。按图纸要求进行修改即可。

由图纸可知,编号为"KZ-4"的柱子截面为圆形,如图3-4所示,则在"定义编号"对话框中选择截面形状为圆形,如图3-5所示。

按照上述方法定义其余柱子的编号及属性。

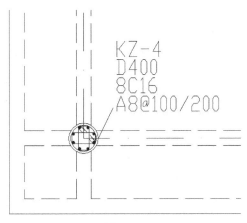

图3-4

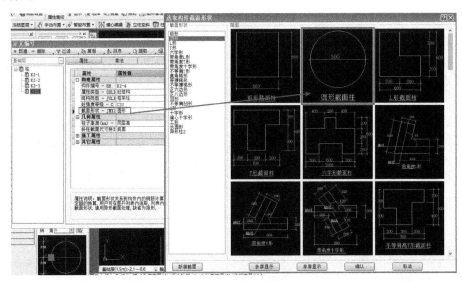

图3-5

(4)导航器设置

定义好柱子的编号及属性值之后,点击"定义编号"对话框最上方的"布置"按钮,切换到了操作界面,导航器被激活。在编号列表栏中选择"KZ-1",选中编号的属性列表栏和构件布置方式定位栏也被激活,在导航器属性列表栏中设置底高为"同层底",如图3-6所示。

(5)单点布置

将光标移至绘图区域,显示为点布置柱子状态,按住鼠标滚轮键不动,移动鼠标,拖动视图,鼠标滚轮向

图3-6

前和向后滚动为放大和缩小视图，找到1轴线与B轴线交点处"KZ-1"柱子的位置，参照底图的位置点布置柱子。若难以捕捉底图的定位点，可通过构件调整导航器中"构件定位蓝图"调整构件布置的定位点，或者按下键盘的"Tab"键，切换放置定位点，如图3-7所示。点布置成功后，点击鼠标右键退出继续布置命令。

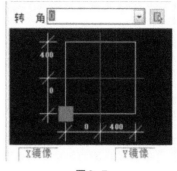

图3-7

（6）查看柱子

布置上柱子后，可通过快捷菜单中"三维着色"功能切换至三维状态，选择"模型旋转"命令，按住鼠标左键旋转查看柱子，如图3-8所示，按下键盘的"Esc"键可退出模型旋转命令，点击"平面显示"图标，如图3-9所示，即返回二维平面视图。

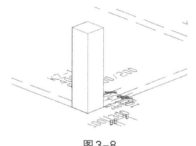

图3-8

图3-9

（7）按照上述方法手动布置柱子完成后如图3-10所示，点击绘图区域下方状态栏中"底图开关"，不显示CAD底图，按下键盘的"Ctrl"+"1"键，显示轴网，如图3-11所示。

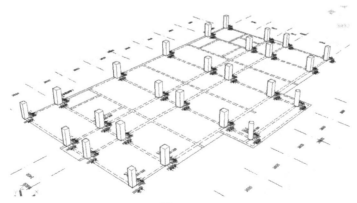

图3-10

37

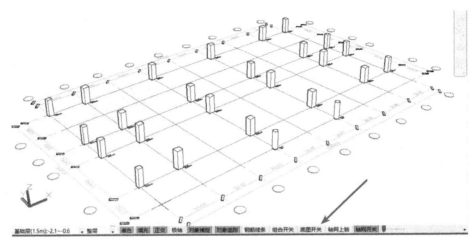

图3-11

3.1.2 识别布置框架柱

下面讲解第二种布置柱子的方式，即识别布置柱子。

框架柱创建步骤：

（1）复制图纸及定位图纸操作同手动布置框架柱操作，不管是手动还是识别都要经历两个步骤。

（2）识别准备

点开"屏幕菜单"中的"CAD识别"，下拉菜单中选择"识别柱子"，软件自动弹出"柱和暗柱识别"对话框，如图3-12所示。如果没有弹出此对话框，可在命令栏输入"BZQH"，调出"界面风格设置"对话框，如图3-13所示，勾选"显示识别界面"，点击"确定"按钮退出。

图3-12   图3-13

（3）提取识别信息

按照"柱和暗柱识别"对话框操作提示，柱子的识别需要提取两大信息要素，即柱子边线和柱子的编号标注。

首先提取柱子的边线。左键点击"提取边线"按钮，光标会变成一个小矩形框，命令栏提示"请选择柱边线"→左键点取柱子的边线，如图3-14所示→提取完成之后，点击鼠标右键，确认提取完成。

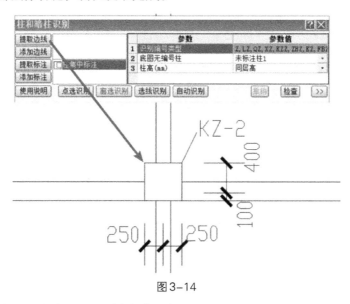

图3-14

其次提取柱子的标注。左键点击"提取标注"按钮，光标会变成一个小矩形框，命令栏提示"请选择标注线"→左键点取柱子的编号，如图3-15所示→提取完成之后，点击鼠标右键，确认提取完成。

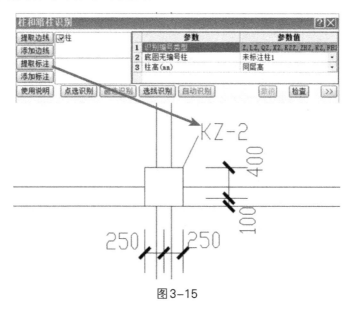

图3-15

（4）识别布置

当柱边线和柱标注全部提取完成后，视图会仅保留被提取的图层，如图3-16所示，视图只显示了柱轮廓和标注。软件提供了四种识别方式，分别为"点选识别""窗选识别""选线识别""自动识别"，下面分别进行演示。

图3-16

"点选识别"操作步骤：点击"点选识别"按钮，激活命令→光标移至柱子轮廓内部，点击鼠标左键→布置完成。

"窗选识别"操作步骤：点击"窗选识别"按钮，激活命令→框选所要识别的柱子轮廓及标注→布置完成。

"选线识别"操作步骤：点击"选线识别"按钮，激活命令→点选所要识别的柱子边线→点击鼠标右键确定识别→布置完成。

"自动识别"操作步骤：直接点击"自动识别"按钮→布置完成。

3.1.3 批量设置

批量设置框架柱底高度，操作步骤：左键点选任意一根柱子（点选识别后的柱子标注更加容易选中柱子）→点击鼠标右键，在右键菜单中选择"构件查询"，如图3-17所示→反向框选所有柱子，则所有柱子被选中→点击鼠标右键，弹出"构件查询"对话框→在"物理属性"下拉菜单中找到"底高度"属性，修改值为"同层底"→所有柱子的底部高度被设置为"同层底"。

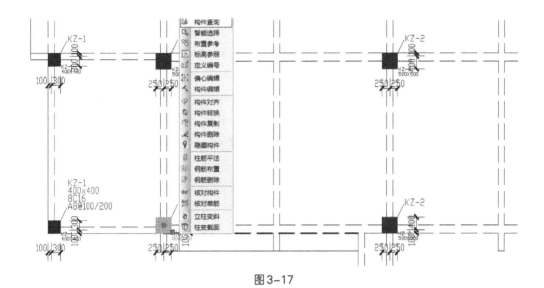

图 3-17

3.2 基础层结构柱钢筋布置

3.2.1 柱筋平法布置钢筋

钢筋创建步骤：

（1）钢筋描述转换

查看 1 轴线与 B 轴线交点处的 "KZ-1"
柱子，如图 3-18 所示，由于字体库缺失，柱
子的钢筋等级表示符号显示为 "？"，需要将
"？"符号转换成算量软件可识别的钢筋等级
符号。

选择"屏幕菜单"中的"识别钢筋"，在
下拉菜单中选择"钢筋描述转换"，弹出"描
述转换"对话框，并且光标变成小矩形框，
命令栏提示"选择钢筋文字或梁集中标注

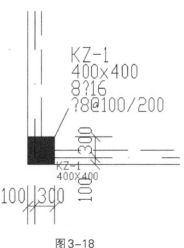

图 3-18

线"，这里我们需要选择"钢筋文字"，即柱标注中的"?"。

点取未识别的钢筋符号后，"钢筋转换"对话框如图3-19所示，点击"转换"按钮。

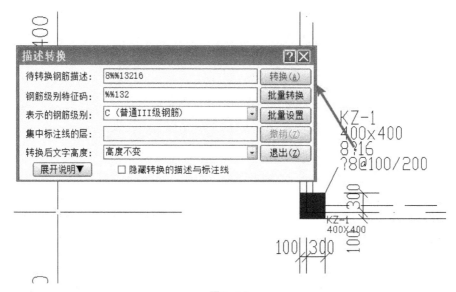

图 3-19

转换之后，发现原来的"?"变为了"C"，代表了三级钢筋（在三维算量for CAD软件中，A代表了一级钢筋A，B代表了二级钢筋B，C代表了三级钢筋C，以此类推）。纵向钢筋文字转换完成之后，使用相同的操作方法转换分布钢筋的文字，转换完成之后如图3-20所示。

钢筋文字描述转换完成之后关闭"描述转换"对话框。

（2）钢筋布置

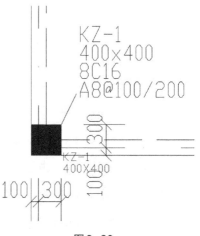

图 3-20

选择"快捷菜单"中的"钢筋布置"命令，如图3-21所示，光标变为一个小矩形框，命令栏提示"选择要布置钢筋的构件"，选择1轴线与B轴线交点处的"KZ-1"（选择识别后柱子的标注更容易选中柱子），弹出"柱筋布置"对话框，如图3-22所示。

图3-21

图3-22

（3）输入钢筋描述信息

钢筋信息获取

由柱标注可知，"KZ-1"有8根纵向钢筋，直径为16mm，钢筋等级为三级，分布钢筋为直径8mm的一级钢筋，加密范围内按照100mm的间距布置，非加密区按照200mm的间距布置。

填入钢筋信息

在"角"一栏输入：C16；

在"边侧"一栏输入：1，C16；

在"外"一栏输入：A8@100/200。

（4）布置纵向钢筋

操作步骤：点击"柱筋布置"对话框左上角"角筋"，则软件自动在"KZ-1"的4个角点处布置上了4根纵向钢筋→点击"双边筋"，命令栏提示"输入双边侧筋点"→在CAD底图的边侧筋位置左键单击一次，则在被点击位置和对面位置会等分布置上两根纵向钢筋，如图3-23所示→纵筋布置完成。

（3）布置分布钢筋

操作步骤：在"外"一栏中输入"A8@100/200"→勾选"内"与"拉"两栏后面的小方框，如图3-24所示，这样就能够保持内箍筋和拉筋的信息同外箍筋一致（如果外箍筋和内箍筋、拉筋的描述信息不一样，则不勾选）→点击"箍筋"按钮，命令栏提示"输入箍筋起点（主筋定位点）"→参照CAD底图箍筋位置，两点矩形布置出箍筋→点击"箍筋"按钮旁的下拉箭头，在下拉菜单中选择"拉筋"→参照CAD底图拉筋位置，两点直线布置出拉筋→分布钢筋布置完成，关闭"柱筋布置"对话框。

（4）钢筋三维查看

操作步骤：点击"快捷菜单"中的"钢筋三维"，视图切换至三维显示状态，并且弹出"钢筋三维"对话框，如图3-25所示→选择构件类型为"柱"，勾选所有柱筋类型→选择右下角"选择构件"按钮，选择布置完钢筋的柱子"KZ-1"，钢筋三维如图3-26所示。

由于并未布置基础梁，因此柱子底部的插筋并未生成。关于柱子与基础连接生成插筋的设置，我们在后文进行讲解。

（5）退出钢筋三维查看

点击鼠标右键一次，返回至"钢筋三维"对话框，再次点击鼠标右键，退出钢筋三维查看。

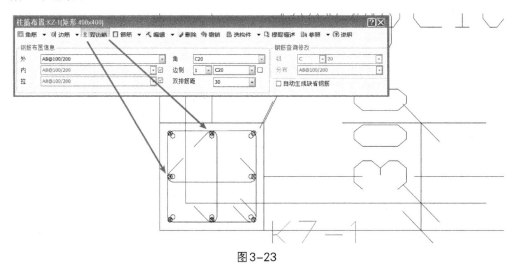

图3-23

图3-24

图3-25

图3-26

3.2.2 识别布置柱钢筋

在上一小节中使用了手动布置钢筋的方法布置了编号为"KZ-1"的柱子钢筋，这里需要注意的是，相同编号的柱子，选择其一布置上了钢筋，其余相同编号的柱子钢筋也会自动布置上，并且布置上了钢筋的构件默认显示为绿色，这一特性适用于任何构件，另外，颜色可通过"快捷菜单"中的"辨色"命令修改。

本小节讲解使用识别的方式来布置其余编号柱子的钢筋。

钢筋创建步骤：将视图切换至平面，这里首先以识别布置2轴线与B轴线交点处的KZ-2柱子钢筋为例进行讲解。

（1）识别准备（缩放图纸）

点开"屏幕菜单"中"识别钢筋"，下拉菜单中选择"识别大样"，软件自动弹出"柱筋大样识别"对话框，如图3-27所示。

图 3-27

由识别对话框可知，这里同样需要提取钢筋图层信息，在当前平面显示状态下，柱子遮挡住了钢筋线条，因此无法提取钢筋图层，如图3-28所示，所以需要将视图变为线框显示状态。在状态栏中关闭"填充"状态，如图3-29所示。

（2）提取图层并识别钢筋

点击"柱截面图层"一栏后面"提取"按钮→点取"KZ-2"柱子的边线（CAD底图）→点击"钢筋图层"一栏后面"提取"按钮→点取"KZ-2"柱子内部的纵筋线和分布筋线（CAD底图）→点击"标注图层"一栏后面"提取"按钮→选择柱子的集中标注信息→提取完成之后，如图3-30所示，点击鼠标右键→按命令栏提示框选要识别的柱截面线条、钢筋线条、描述、标高等信息→框选完之后在绘图区域空白处点击鼠标右键确定。

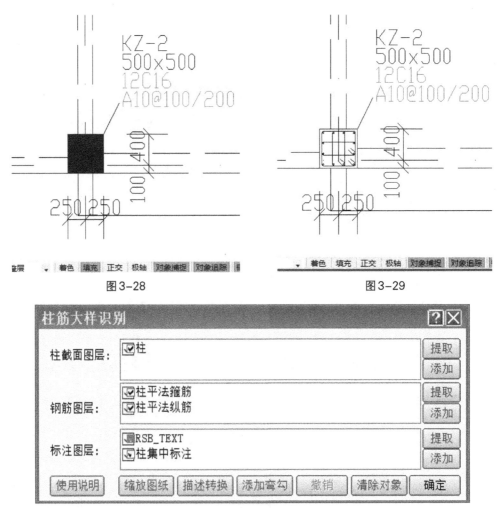

图 3-28   图 3-29

图 3-30

识别完钢筋之后，会在原来柱子的实体内部自动生成钢筋表示图形，并且生成算量软件识别后的集中标注，如图 3-31 所示。

（3）识别其余柱子钢筋

由于已经提取了柱大样的图层信息，其余编号柱子的图层信息则无需重新提取，直接框选柱大样识别即可。

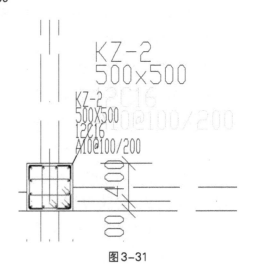

图 3-31

3.2.3 异形截面柱子钢筋布置

对于无法识别的异形截面钢筋，通过识别的方式若无法布置，可按照软件提示的识别信息提示来进行修正。例如，本案例工程中，框选编号为"KZ-4"的圆形截面柱子时，软件弹出如下"识别大样信息提示"对话框，如图3-32所示。

图3-32

对于类似构件，可以通过在柱大样底图的基础上布置一个相同编号名称的柱子，再使用柱筋平法的方式来手动布置钢筋。

关于多边形截面柱子的钢筋布置，可通过识别本小章节中的二维码获取学习视频。

3.2.4 设置柱插筋

由于柱子的底面与基础相连，会生成柱插筋，因此要批量设置生产柱插筋。

操作步骤：任意选中其中一根柱子→按下鼠标右键，在右键菜单中选择"构件查询"命令→反框所有的构件→所有柱子被选中，按下鼠标的右键，弹出针对所有柱子的"构件查询"对话框→修改"物理属性"下"底高度"的属性值为"同基础顶"→点击"确定"按钮，完成批量柱子插筋的布置。

3.3 基础梁布置

3.3.1 布置前准备

（1）清空图纸

基础层短柱及钢筋布置完成后，接下来布置基础梁，因此需要将结构施工图中的基础梁平面图复制进三维算量软件中，在这之前需要清空柱子平面布置图。

操作步骤：选择"功能菜单栏"最左端"导入图纸"功能右侧的下拉小箭头→在下拉菜单中选择"清空图纸"功能，如图3-33所示→在弹出的"清空图纸"对话框中选择要清理的楼层，由于项目文件中只有基础层有底图，故只需勾选基础层即可，如图3-34所示→点击"清理楼层"完成柱子平面图的删除。

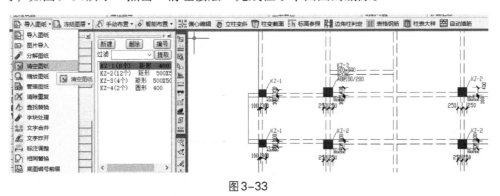

图 3-33

（2）拷贝图纸

在CAD图纸中框选中图号G-8/21"基础梁平面图"，按下键盘的"Ctrl"＋"C"键，进行复制，切换至三维算量软件中，按下键盘的"Ctrl"＋"V"键，粘贴图纸。

（3）图纸定位

移动基础梁平面图的轴网与算量软件中布置的轴网重合，操作方法同3.1.1小节"（2）图纸定位"。

图 3-34

3.3.2 布置基础梁

（1）获取基础梁信息

查看图号 G-8/21 "基础梁平面图"和图号 G-6/21 "基础设计说明"，可获知基础梁的集中标注信息和原位标注信息。若对于基础梁上的标注不太理解，可参考"基础设计说明"中的"基础梁平面表示法"进行识读，如图 3-35 所示。

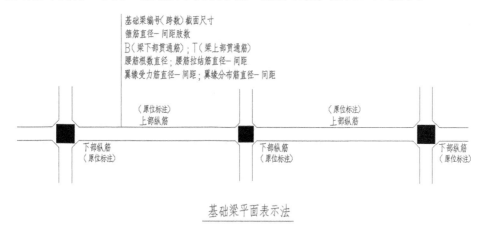

基础梁平面表示法

图 3-35

关于基础底的相关尺寸信息可通过"基础设计说明"中的"基础底板配筋图"获取，如图 3-36 所示。

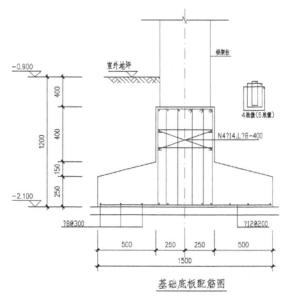

基础底板配筋图

图 3-36

（2）定义编号

选择"屏幕菜单"中的"基础"，在下拉菜单中选择"条形基础"，弹出基础梁的"定义编号"对话框，如图3-37所示。

图3-37

点击对话框左上角"新建"按钮，软件自动生成编号为"TJ1"的基础梁，这里我们首先定义案例工程中的编号为JZL1（3B）的基础梁，故将"TJ1"改为"JZL1（3B）"。

在编号的前面有一个加号图形，点开它，如图3-38所示。

图3-38

由图号G-7/21"基槽开挖平面图"知，本案例工程的基坑是全盘开挖的，因此，基坑需要另外单独布置，不需要在这里关联布置坑槽，选择"坑槽"，点击鼠标右键，选择"删除"。或者点击对话框上方"删除"按钮。同理，也将"垫层"

删除，不进行关联布置。

在"物理属性"下拉栏目中找到"基础名称"，默认属性值为"矩形"，点击选择符合案例工程要求的基础梁形式，如图3-39所示，选择"三阶条形锥台"截面形状。

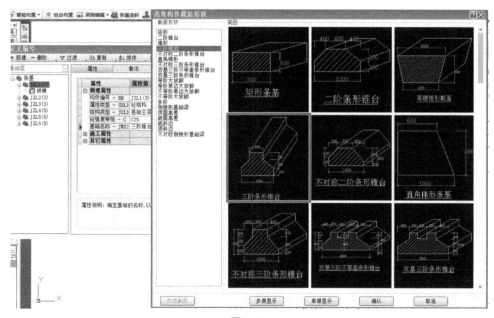

图3-39

根据已获得的基础梁截面尺寸信息，分别填入对应的位置。以"JZL1（3B）"为例，分别设置"基底宽"为"1500"、"基宽1"为"400"、"底基高"为"250"、"斜基高1"为"150"、"基高1"为"400"，如图3-40所示。

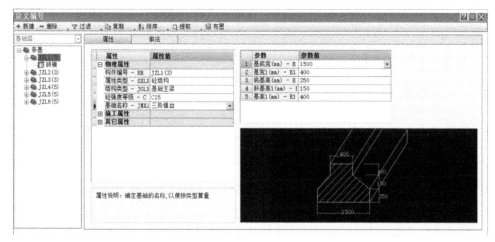

图3-40

布置基础梁操作步骤：参数设置完成后，点击上方"布置"按钮，按照直线方式画梁→在状态栏中激活"对象捕捉"和"正交"命令→在选中基础梁的状态下，在"导航器"的"属性列表"栏中设置"底标高"为"-2.1"，在"定位简图"中设置定位点为居中，如图3-41所示→首先点击基础梁JZL1（3）左端点，其次点击基础梁JZL1（3）最右端点→绘制完成之后，点击鼠标右键，确定完成绘制→再次点击鼠标右键，退出绘制JZL1（3）状态。

由于先前绘制了柱子，此时绘制基础梁，基础梁会自动进行分跨处理。绘制完成1轴线上的基础梁JZL1（3）切换至三维，如图3-42所示。

基础名称	三阶锥台…
形状数据	1500X250X4
顶标高(m)	-1.3
底标高(m)	-2.1

图3-41

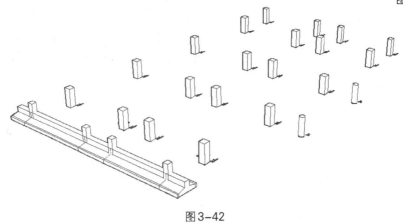

图3-42

3.3.3 使用修改命令布置基础梁

当项目中有较多相同编号的构件时，且构件位置排布无序，布置时容易遗漏，重新布置构建的话需要再次选择对应的构件编号，这样较为麻烦。这时候可以通过CAD的修改命令进行快速布置，接下来讲解使用CAD的修改命令快速布置构件。

操作步骤：首先按照3.3.2小节的操作方法布置2轴线上的JZL2（3）和4轴线上的JZL3（3），如图3-43所示→由基础梁平面图可知，6轴线、8轴线和9轴线上的基础梁编号分别为JZL3（3B）、JZL2（3B）、JZL1（3B），与1轴线、2轴线和4轴线上的基础梁对称，因此可通过以5轴线为镜像轴线做镜像操作→选中已布置上基础梁中的任意一条，右键菜单中选择"智能选择"命令→反向框选所有的基础梁→点击鼠标右键，所有的基础梁被选中→命令栏中输入"MI"→按下回车键→按命令栏提示指定5轴线为镜像轴线→指定完轴线之后，命令栏提示"要删除源对象吗?"，这里选择"否"，如图3-44所示→通过镜像复制的方式布置完成另外三道基础梁。

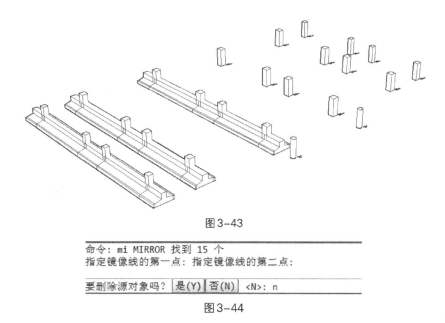

图3-43

命令: mi MIRROR 找到 15 个
指定镜像线的第一点: 指定镜像线的第二点:

要删除源对象吗? 是(Y) 否(N) <N>: n

图3-44

按照上述方法布置其余位置的基础梁，布置完成之后如图3-45所示。

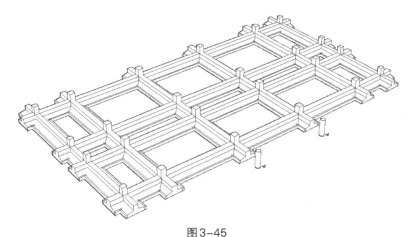

图3-45

3.4 基础梁钢筋布置

使用"钢筋描述转换"命令将基础梁上集中标注和原位标注中的钢筋符号转换成三维算量软件可识别的钢筋代号,如图3-46所示。

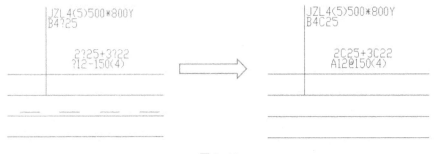

图3-46

3.4.1 布置基础梁钢筋

基础梁钢筋创建步骤:

(1)参考基础梁平面标注输入钢筋信息

选择快捷菜单中"钢筋布置"命令→选择带有集中标注和原位标注的JZL1(3B)基础梁→弹出"条基筋布置"对话框,如图3-47所示→首先填写"集中标注"栏目,在"箍筋"中填入"A8@200(4)","底筋"中填入"2C25+2C22"→"左悬挑"中"面筋"填入"4C25"→"第1跨"中"面筋"填入"4C25"→"第2跨"中"面筋"填入"4C16","底筋"填入"2C25+3C22"→"第3跨"中"面筋"填入"4C25","箍筋"填入"A12@200(4)"→"右悬挑"中"面筋"填入"4C25","箍筋"填入"A12@200(4)"→集中标注和原位标注信息填写完成后如图3-48所示→点击"布置"按钮,完成钢筋的创建。

梁跨	箍筋	底筋	面筋	左支座筋	右支座筋	左上支座筋	右上支座筋	腰筋	拉筋	加强筋	底板横向筋	底板纵向筋	其它
集中标注													
左悬挑													
1													
2													
3													
右悬挑													

图 3-47

梁跨	箍筋	底筋	面筋	左支座筋	右支座筋	左上支座筋	右上支座筋	腰筋	拉筋	加强筋
集中标注	A8@200(4)	2C25+2C22								
左悬挑			4C25							
1			4C25							
2		2C25+3C22	4C16							
3	A12@200(4)		4C25							
右悬挑	A12@200(4)		4C25							

图 3-48

（2）参考"基础底板配筋图"输入钢筋信息

查看图号 G-6/21"基础设计说明"，找到"基础底板配筋图"，获取抗扭钢筋信息、拉筋信息和底板钢筋信息，在"集中标注"一栏输入相关信息→"底板横向筋"填入"C12@200"→"底板纵向筋"填入"C8@300"→"腰筋"填入"N4C14"→"拉筋"填入"A8@400"。

（3）按照上述操作方法布置其余编号的基础梁，当基础梁布置上钢筋之后会显示为绿色，不需要再进行钢筋布置。

3.4.2 核对单筋

通过"核对单筋"命令查看基础梁单根钢筋计算公式，操作步骤如下：

关闭"条基筋布置"对话框→选择布置了钢筋的基础梁，点击鼠标右键→在右键菜单中选择"核对单筋"命令，如图3-49所示→弹出"条基核对单筋"对话框，在该对话框中可查看基础梁钢筋的长度、数量、重量等信息，在三维着色状态下进行"核对钢筋"，还可以查看钢筋三维，如图3-50所示。

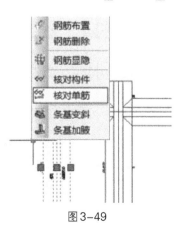

图 3-49

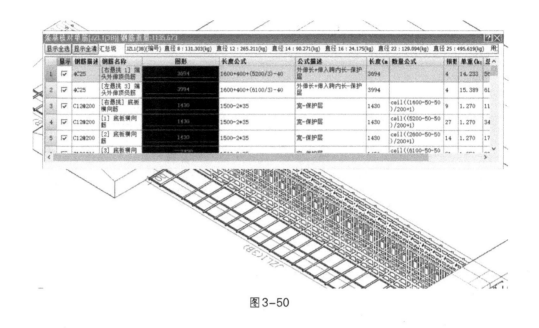

图 3-50

3.5 独立基础布置

3.5.1 手动布置独立基础

（1）获取独立基础信息

　　由"基础梁平面图"可知，在 A 轴线与 4 轴线、6 轴线的交点处分别有一个独立基础，编号同为"J-1"，如图 3-51 所示。关于独立基础的尺寸信息详见当前平面图左下角基础详图，如图 3-52 所示。

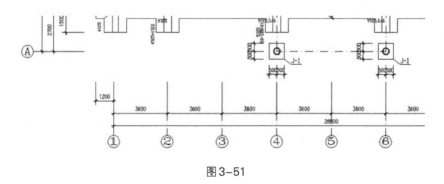

图 3-51

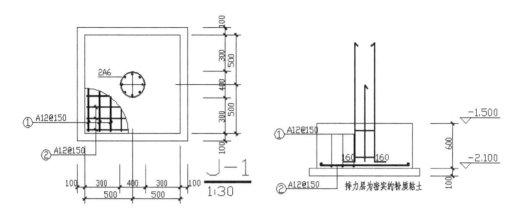

图 3-52

（2）定义编号

选择"屏幕菜单"中的"基础"，在下拉菜单中选择"独基承台"，弹出独基承台的"定义编号"对话框，如图 3-53 所示。本案例工程虽然为全盘开挖，但是根据图号 G-7/21"基槽开挖平面图"可知，独立基础在基槽开挖线之外，因此保留独立基础的垫层和坑槽。

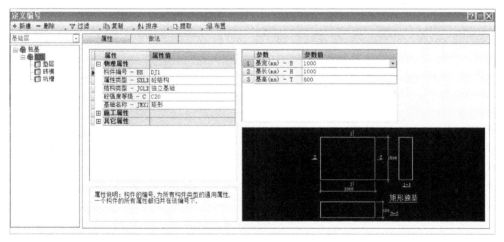

图 3-53

修改"构件编号"为"J-1"→修改"砼强度等级"为"C25"（详见"基础设计说明"）→"基础名称"为"矩形"，不做修改，分别修改"基高""基长""基高"为"600""1000""1000"。编号定义完成之后如图 3-54 所示。

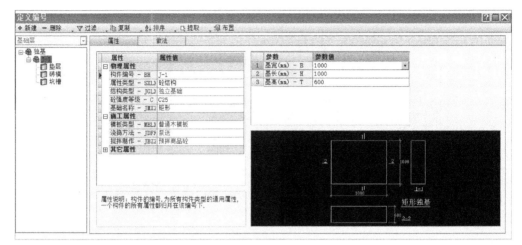

图3-54

（3）导航器设置

定义好独立基础的编号及属性值之后，点击"定义编号"对话框最上方"布置"按钮，切换到操作界面，导航器被激活。在编号列表栏中选择"J-1"，选中编号的属性列表栏和构件布置方式定位栏也被激活，在导航器属性列表栏中设置底高为"-2.1"，如图3-55所示。

（4）单点布置

将光标移至绘图区域，显示为点布置独立基础状态，按住鼠标滚轮键不动，移动鼠标，可以拖动视图，鼠标滚轮向前和向后滚动为放大和缩小视图。找到A轴线与4轴线、6轴线交点处J-1独立基础的位置，参照底图的位置点布置柱子。若难以捕捉底图的定位点，可通过构件调整导航器中"构件定位蓝图"调整构件布置的定位点，或者按下键盘的"Tab"键，切换放置定位点。点布置成功后，点击鼠标右键退出继续布置命令。

（5）查看独立基础

布置上独立基础后，可通过快捷菜单中"三维着色"功能切换至三维状态，关闭"状态栏"中"底图开关"，选择"模型旋转"命令，按住鼠标左键旋转查看独立基础，如图3-56所示，同时按下键盘的"Ctrl"键和"2"键可显示或不显示柱子，按下键盘的"Esc"键可退出模型旋转命令，点击"平面显示"图标，即返回二维平面视图。

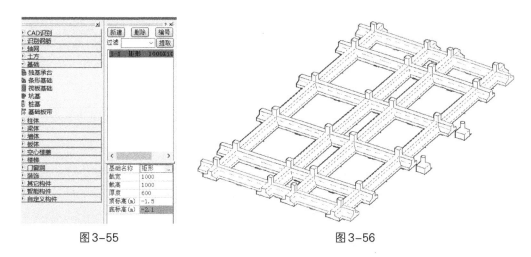

图 3-55   图 3-56

3.5.2 识别布置独立基础

下面讲解第二种布置独立基础的方式，即识别布置独立基础。

独立基础创建步骤：点开"屏幕菜单"中"CAD识别"，下拉菜单中选择"识别独基"，软件自动弹出"独基识别"对话框，如图3-57所示。

图 3-57

（1）提取识别信息

首先提取独立基础边线。左键点击"提取边线"按钮，光标变成小矩形框，命令栏提示"请选择独基边线"→左键点取基础J-1的边线，如图3-58所示→提取完成之后，点击鼠标右键，确认提取完成。

其次提取独基的标注。左键点击"提取标注"，光标变成小矩形框，命令栏提示"请选择标注线"→左边点取独基的编号，如图3-59所示→提取完成之后，点击鼠标右键，确认提取完成。

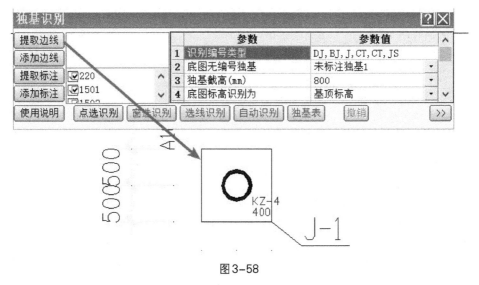

图 3-58

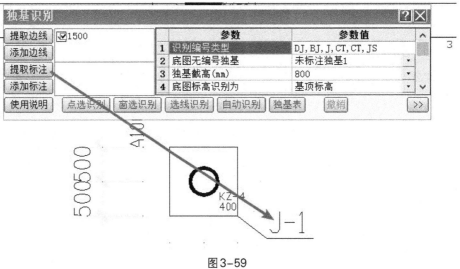

图 3-59

（2）识别布置

当独基边线和标注全部提取完成后，视图会仅保留被提取的图层，如图 3-60 所示，视图只显示了独基轮廓和标注。

设置参数"独基截高"的值为"600"，"独基标高"的值为"−1.3"，如图 3-61 所示，点击"点选识别"按钮，激活命令→光标移至独基轮廓内部，点击鼠标左键→同样的方式布置另外一个独基→布置完成，点击鼠标右键，退出识别布置命令。

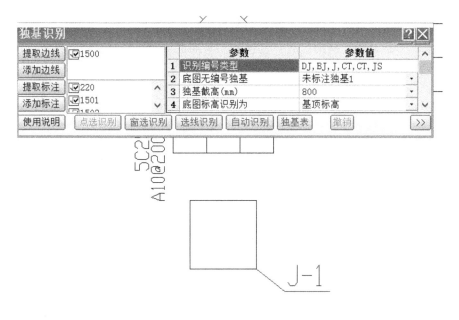

图 3-60

图 3-61

3.6 独立基础钢筋布置

3.6.1 布置前准备

（1）钢筋描述转换

在三维算量软件中查看"基础梁平面布置图"，找到独基详图如图3-62所示。

在详图中注明了基础钢筋信息，但是钢筋等级符号显示为"?"，因此首先使用"钢筋描述转换"命令将不能识别的符号转换为软件可识别的代号，该功能命令使用方法详见"3.2.1柱筋平法布置钢筋"章节，钢筋描述转换完成之后如图3-63所示。

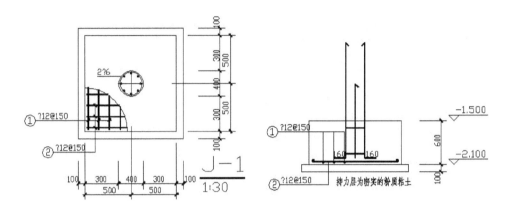

图3-62

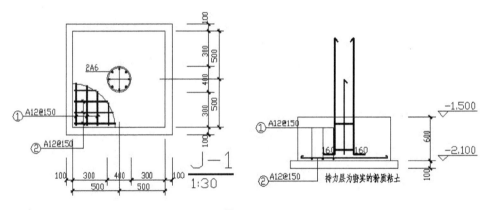

图3-63

（2）获取独立基础钢筋信息

由详图可知，基础的底部横向钢筋和底部纵向钢筋都是"A12@150"，J-1基础之上的KZ-4柱子有基础插筋，并且在基础内部有两圈直径为6mm的一级钢筋，因此，本小节我们在布置完独立基础钢筋之后，接着修改柱子钢筋。

3.6.2 独立基础钢筋布置

独立基础钢筋创建步骤：

选择"快捷菜单"中"钢筋布置"命令，命令栏提示"选择要布置钢筋的构件"→选择任意一个独立基础→弹出"编号配筋"对话框，如图3-64所示→在"简图钢筋"属性一栏中选择"版式配筋"→设置"宽方向基底筋"和"长方向基底筋"的值为"A12@150"→设置"宽方向基顶筋"和"长方向基顶筋"的值为"无"，如图3-65所示→点击"退出"按钮，完成独立基础钢筋布置。

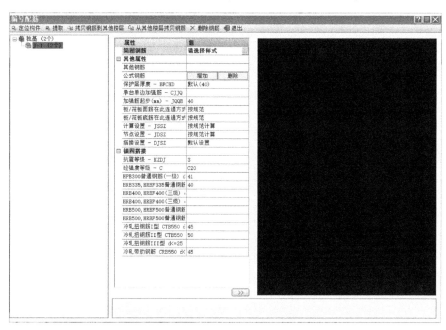

图3-64

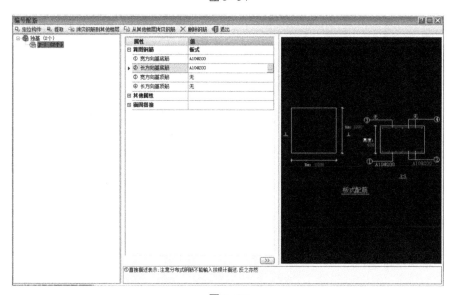

图3-65

3.7 首层结构柱及柱钢筋布置

在状态栏最左端楼层选择栏里选择当前层为"第一层"。

由于基础层布置的柱子与首层柱子共用同一张图纸，即"G-9/21"一层框架柱平面图，因此可将基础层的柱子拷贝上来。

操作步骤：在"快捷菜单"中选择"拷贝楼层"功能，弹出"楼层复制"对话框→"源楼层"选择为"基础层"→在"选择构件类型"栏目选择要复制的对象——柱→在下方勾选"复制钢筋"→在"目标楼层"栏目勾选第1层，如图3-66所示→选择完成之后点击"确定"按钮完成首层柱子及柱钢筋的布置。

将基础层的柱子拷贝至首层之后，所有柱子会出现错误提示"与下层位置重复"。出现这个错误的原因是我们一开始在基础层设置了柱子的底高度为"同基础顶"，在进行拷贝楼层操作时，会将源构件的属性进行拷贝，因此，首层柱子的底高度仍为"同基础顶"。此时要进行柱子的批量修改。

图3-66

操作步骤：任意选中其中一根柱子→按下鼠标右键，在右键菜单中选择"构件查询"命令→反框所有的构件→所有柱子被选中，按下鼠标的右键，弹出针对所有柱子的"构件查询"对话框→修改"物理属性"下"底高度"的属性值为"同层底"→点击"确定"按钮，完成批量柱子高度的修改。

3.8 二层梁布置

3.8.1 布置前准备

（1）拷贝图纸

在 CAD 图纸中框选中图号 G-14/21 "二层框架梁平面图"，按下键盘的"Ctrl"＋"C"键，进行复制，切换至三维算量软件中，按下键盘的"Ctrl"＋"V"键，粘贴图纸。

（2）图纸定位

移动基础梁平面图的轴网与算量软件中布置的轴网重合，操作方法同"3.1.1小节（2）图纸定位"。

（3）获取梁标注信息

查看图号 G-14/21 "二层框架梁平面图"，可获知梁的集中标注信息和原位标注信息，如图 3-67 所示。若对于梁上的标注不太理解，可参考《16G101图集》。

梁的集中标注包括：

①梁编号、梁截面尺寸；

②箍筋：钢筋级别、直径、加密区及非加密区、肢数；

③梁上下通长筋和架立筋；

④梁侧面纵筋：构造腰筋及抗扭腰筋；

⑤梁顶面标高高差（该项为选注）。

如图 3-68 所示。

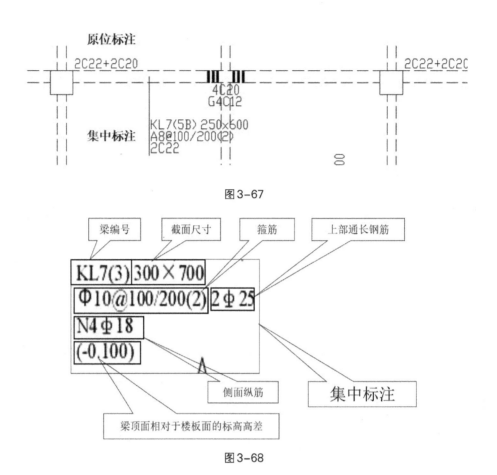

图 3-67

图 3-68

梁的原位标注包括：

①梁支座上部纵筋（该部位含通长筋在内所有纵筋）、梁下部纵筋；

②附加箍筋或吊筋、集中标注不适合于某跨时标注的数值。

3.8.2 手动布置梁

（1）定义编号

点开屏幕菜单中"梁体"，下拉菜单中选择"梁体"，出现定义编号对话框如图 3-69 所示。

查看图纸"二层框架梁平面图"，A 轴线上的梁编号为"WKL1（2B）"，梁截面为"200×600"，我们按照从下向上的顺序先来进行横向主梁的布置→点击"新建"按钮，新建默认编号为"KL1"，将它改为"WKL1（2B）"→修改"截宽"和

"截高"分别为"200"和"600",如图3-70所示→点击"布置"按钮,完成梁体编号的定义,并切换至绘图区域进行梁体的绘制。

图 3-69

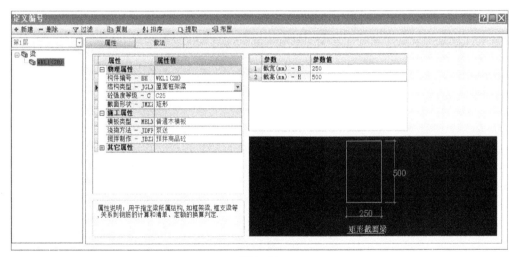

图 3-70

（2）直线画梁

设置导航器中梁顶高为"同层高",按照命令栏的提示指定梁的绘制起点与绘制终点,指定起终点时按照CAD底图梁线的位置进行绘制,绘制完成如图3-71所示。若绘制梁体时平面布置定位点与CAD底图不在同一位置,可按下键盘的"Tab"键切换定位点。

由图3-72可知,梁WKL1（2B）在平面表示时,梁体下方从左到右有"-100""1""100",分别表示梁体的起悬挑端、第1跨、终悬挑端。

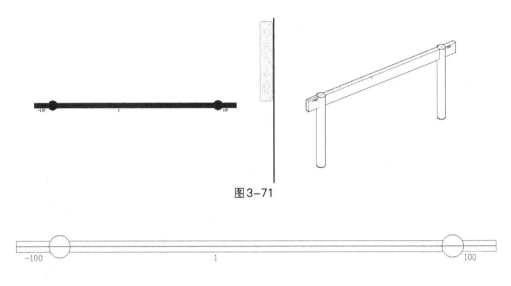

图3-71

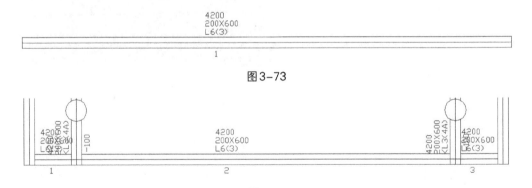

图3-72

（3）梁跨调整

①布置完梁体后，要确认布置完成的梁跨数与梁编号保持一致。例如，一开始就布置梁L6（3），则发现它只有一跨，如图3-73所示。若在布置L6（3）之前，布置上4轴线与6轴线上面的两道主梁KL3（4A），以及两道次梁L2（2），则布置出来的L6（3）如图3-74所示，两道主梁KL3（4A）的悬挑端作为次梁L6（3）的支座，用来断开跨。

4200
200X600
L6(3)

1

图3-73

4200
200X600
KL3(4A)

-100

4200
200X600
L6(3)

4200
200X600
KL3(4A)

4200
200X600
L6(3)

1   2   3

图3-74

②若已经布置上主梁，再手动布置L6（3），仍出现梁跨问题如图3-75所示，原本应该为第3跨的梁跨段变成了终悬挑端。

图3-75

修改方法：选中跨段编号"100"，按下鼠标右键，在右键菜单中选择"构件查询"命令（或者直接鼠标左键双击编号"100"）→再次按下鼠标右键，确定执行命令→在"构件查询"对话框中修改"物理属性"下"梁段跨号"为"3"。如图3-76所示。

构件查询[类型：梁，数量：1]		
○ 清单属性 ⊙ 定额属性		

属性	做法		
属性名称	**属性值**		**属性和**
□ 物理属性			
构件编号 - BH	L6(3)		
属性类型 - SXLX	砼结构		
结构类型 - JGLX	普通梁		
砼强度等级 - C	C25		
截面形状 - JMXZ	矩形		
▶ 梁段跨号 - LKH	3	▼	
平面位置 - PMWZ	中间梁		
楼层位置 - LCWZ	中间层		
主次梁属性 - ZCL	主梁		
梁顶标高(m) - PBG	3.6		
梁顶高(mm) - LDG	同层高		同层高=4200
梁底标高(m) - DIBG	3		
梁底高(mm) - HLDI	3600		
斜梁角度(D) - XJ	0		
□ 几何属性			
梁拱高(mm) - AG	0		
中线长(mm) - Lzx	800		800
坡度 - PD	0		
梁段净长(mm) - L	800-100=700		700

属性说明：为方便梁段截面修改和钢筋布置以及计算结果的校对，软件根据图面一条整梁自动给出的每段梁段编号．

展开(E)	折叠(F)			
修改编号(M)	□ 隐藏所选构件		确定	取消

图3-76

③若遇到梁在支座处未自动断开，如图3-77所示，左段梁在支座处未自动断开要进行手动调整修改。

图3-77

　　修改方法：在布置梁体状态下，在"布置修改选择栏"中选择"跨段组合"命令，弹出"跨段组合"对话框，如图3-78所示→在对话框中选择"断开跨"→反框左边圆形柱子内部的梁，如图3-79所示，以框选中的梁内部为边界划分了梁跨。

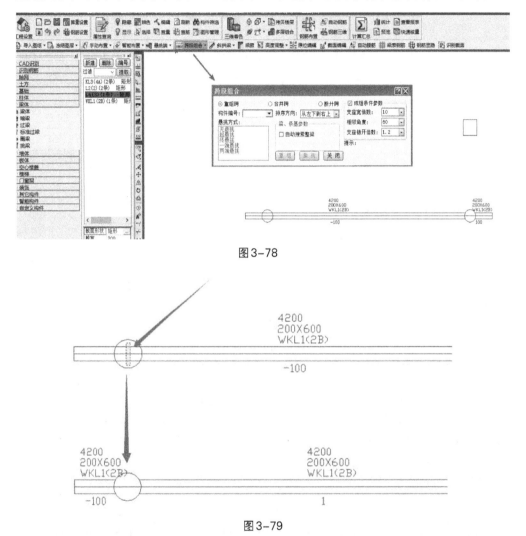

图3-78

图3-79

　　④若一个跨段由于操作不当被布置成两个梁跨段，如图3-80所示，则需使用"合并跨"功能进行梁跨的合并。

图3-80

修改方法：在布置梁体状态下，在"布置修改选择栏"中选择"跨段组合"命令，弹出"跨段组合"对话框→在对话框中选择"合并跨"→反框选中第1跨和第2跨，如图3-81所示，完成梁跨段的合并→按下鼠标右键，完成命令。

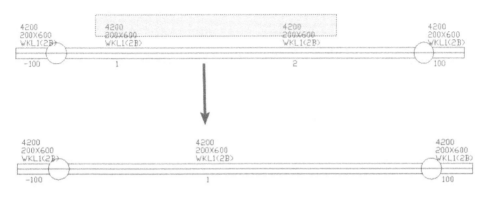

图3-81

⑤若出现梁跨段编号混乱，如图3-82所示，则使用"重组跨"命令进行修改。

图3-82

修改方法：在布置梁体状态下，在"布置修改选择栏"中选择"跨段组合"命令，弹出"跨段组合"对话框→在对话框中选择"重组跨"→选中所有的梁跨段，如图3-83所示，完成梁跨段的重组→按下鼠标右键，完成命令。

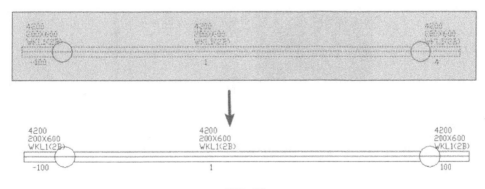

图3-83

（4）梁截面修改

布置2号轴线上的KL2（3A）时发现，由悬挑端的原位标注可知，悬挑梁跨段的截面为"200×400"，不同于集中标注的截面"200×600"，如图3-84所示，因此需要修改梁截面面积。

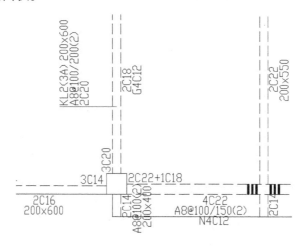

图3-84

修改方法：在布置梁体状态下，在"布置修改选择栏"中选择"截面编辑"命令，弹出"截面修改"对话框→光标变成小矩形框，选中要修改截面的梁跨段→按下鼠标右键，确认选择，如图3-85所示→修改对话框中截宽、截高与原位标注保持一致的数值→选择右下角"修改"按钮，完成截面的修改。若要继续修改其他梁体的截面尺寸可以继续选择梁跨段进行修改，修改完成之后关闭对话框即可。

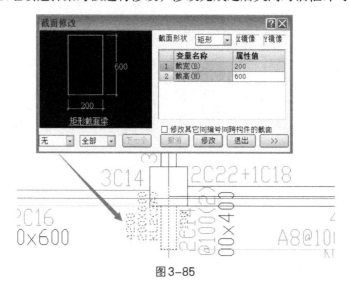

图3-85

（4）组合开关

将鼠标移至WKL1（2B）某一梁跨段上时，软件预选择该梁跨，双击该梁跨可实现构件查询。若要实现选中某一跨段的梁，其余的梁跨段也被选中，则需要开启状态栏中的"组合开关"命令，如图3-86所示，反之关闭该命令。

图3-86

（5）弧形梁布置

进入梁体手动布置状态，首先指定梁的绘制起点，之后在命令栏中出现提示，如图3-87所示→移动光标选择"A"，或者在命令栏直接输入字母"A"→命令栏再次提示"请输入弧线上的点"，这时候光标选择所要绘制的弧形梁的中心点，如图3-88所示→最后指定梁绘制终点→按下鼠标右键，退出继续绘制梁状态。

请输入直线终点<退出>或 弧线(A) 平行(P)：

图3-87

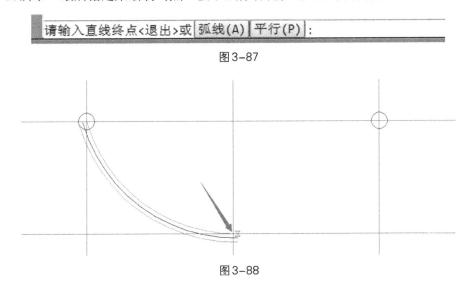

图3-88

3.8.3 识别布置梁

下面讲解第二种布置梁体的方式，即识别布置梁体。

梁体创建步骤：

（1）布置前准备

打开“底图开关”命令，确保在绘图区域显示CAD图纸。

（2）提取信息

点开“屏幕菜单”中“CAD识别”，下拉菜单中选择“识别梁体”，软件自动弹出“梁识别”对话框，如图3-89所示。

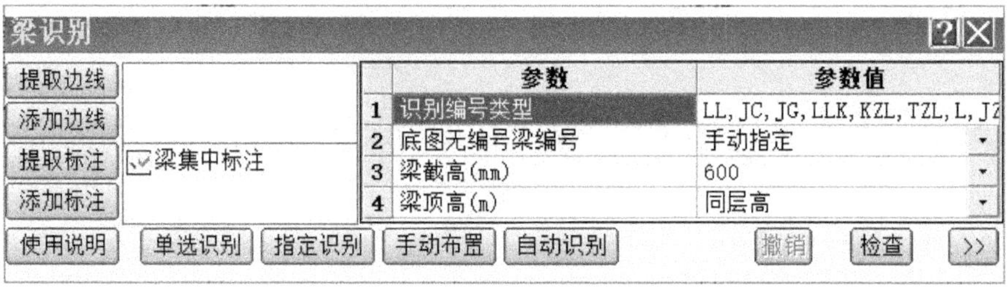

梁识别
提取边线
添加边线
提取标注
添加标注
梁集中标注
参数
参数值
1 识别编号类型
LL, JC, JG, LLK, KZL, TZL, L, JZ
2 底图无编号梁编号
手动指定
3 梁截高(mm)
600
4 梁顶高(m)
同层高
使用说明
单选识别
指定识别
手动布置
自动识别
撤销
检查
>>

图3-89

选择“提取边线”按钮→光标变成小矩形框，点选任意一道梁的一条边线，若梁的边线图层不止一个，如图3-90所示，梁线提取不完整，则需要继续提取梁边线图层→选择“添加边线”按钮→点取另外一道梁图层线→提取梁边线完成之后，如图3-91所示，点击鼠标左键，确认提取完成→选择“添加标注”按钮→选择任意一道梁集中标注里的梁编号，若梁编号存在多个图层，则继续提取梁编号图层，直到全部提取完成→点击鼠标右键，完成提取。

梁识别
提取边线
添加边线
提取标注
添加标注
梁
参数
参数值
1 识别编号类型
LL, JC, JG, LLK, KZL, TZL, L, JZ
2 底图无编号梁编号
手动指定
3 梁截高(mm)
600
4 梁顶高(m)
同层高
使用说明
单选识别
指定识别
手动布置
自动识别
撤销
检查
>>

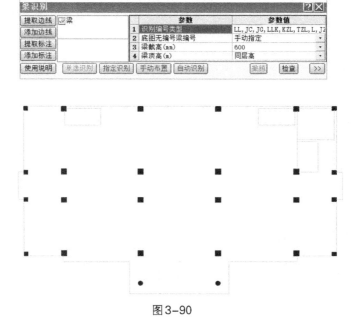

图3-90

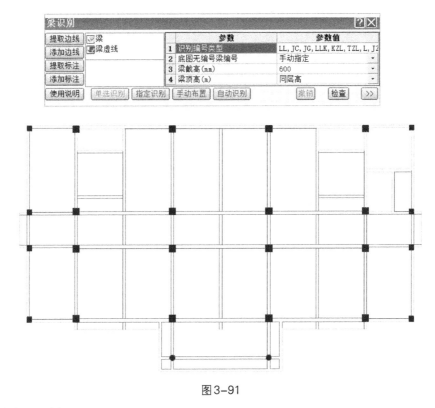

图 3-91

（3）识别布置

提取完梁边线和梁标注之后，视图中只会显示提取的图层线，在识别布置对话框下提供了四种布置方式，分别为"单选识别""指定识别""手动布置""自动识别"，下面分别进行操作说明。

在识别布置梁体的时候需要注意：首先布置带有集中标注的主梁及带有支座的梁，这样软件才能够识别正确的梁截面尺寸及梁跨段。

①单选识别：执行此识别命令后，选择一道梁上任意的一段梁线，如图3-92所示→点击鼠标右键，确认选择→完成梁体的识别布置，如图3-93所示。

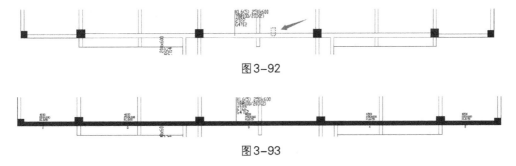

图 3-92

图 3-93

这种识别方式适用于梁平面布置图较工整的情况，不会有太多其余的集中标注影响到要识别的梁。

②指定识别：执行此命令后，需要选择从属于这道梁的边线及标注，如图3-94所示→点击鼠标右键，确认选择→完成梁体的识别布置，如图3-95所示。

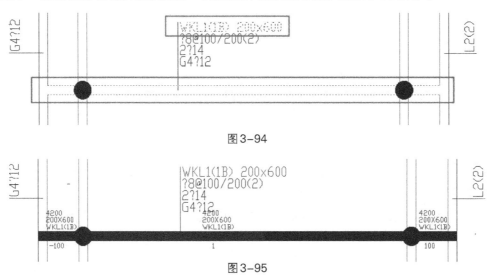

图3-94

图3-95

这种识别方式适用于梁线与多个梁标注过于密集或者交叉的情况，如图3-96所示，若使用单选识别的方式识别布置KL02（1），则可能导致软件错误识别L06（1）上的标注信息，使用指定识别方式则可以避免这种问题。

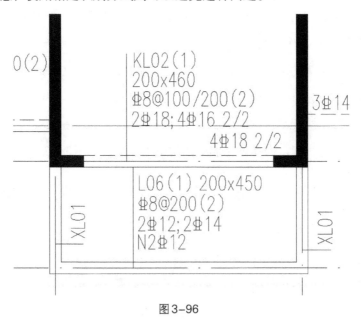

图3-96

③手动布置：梁识别对话框下的手动布置命令同"3.8.2手动布置梁"章节。

④自动识别：选择"自动识别"按钮，软件自动对所有的梁进行识别，如图3-97所示。

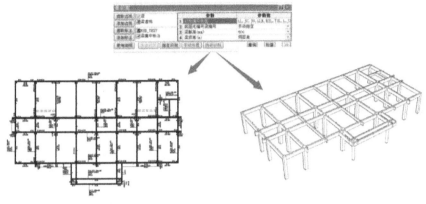

图 3-97

3.8.4 梯口梁布置

由于施工图纸规定，主、次梁相交处应在主梁内设置附加箍筋，由于梯口梁与楼层框架梁有相交，需要在楼层梁内设置附加箍筋，为了便于后面梁钢筋的布置，因此在布置梁体的时候直接将梯口梁布置好。

由图号G-5/20"楼梯结构大样"可知，梯口梁的编号为"TL1"，截面尺寸为"200×400"，如图3-98所示。使用手动布置梁体的方式在平面对应的位置上布置梯口梁。

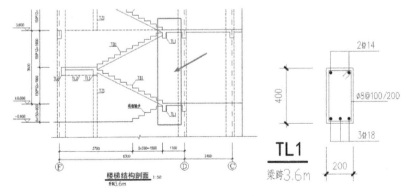

图 3-98

3.9 二层梁钢筋布置

　　首先使用"钢筋描述转换"命令将梁上集中标注和原位标注中的钢筋符号转换成三维算量软件可识别的钢筋代号。若在布置梁体钢筋之前使用手动布置的方式布置了梁体，则需要对梁的集中标注线进行描述转换。同样使用"钢筋描述转换"命令，不过这次选择的对象为集中标注线，如图3-99所示。

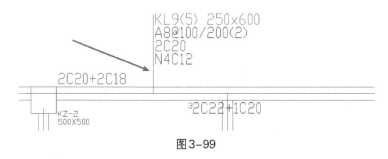

图3-99

3.9.1 手动布置梁钢筋

　　以布置F轴线上编号为KL9（5）的框架梁为例来手动布置梁钢筋。

　　（1）钢筋设置

　　由"框架梁说明"第二点可知：主、次梁相交处应在主梁内设置附加箍筋，主次梁交接处设附加筋示意如图3-100所示。

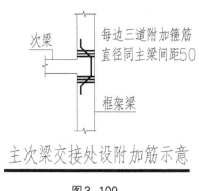

图3-100

在"快捷菜单"中选择"钢筋设置"命令，弹出"钢筋选项"对话框，如图3-101所示。构件类型选择为"框架梁"，找到设置项目为"箍筋/拉筋"，设置次梁两侧共增加箍筋数量为"6"、梁节点加密箍间距为"50"，如图3-102所示。

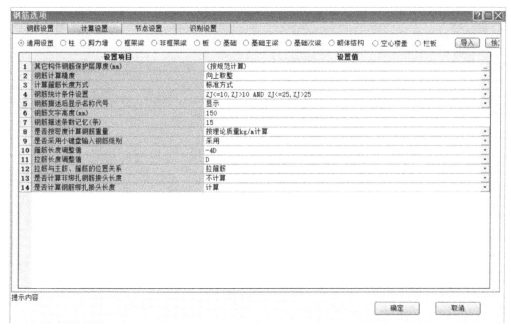

图3-101

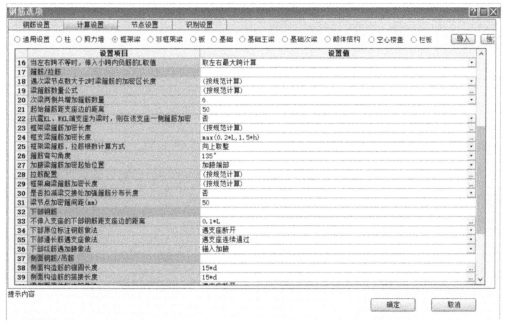

图3-102

（2）输入钢筋信息

选择快捷菜单中"钢筋布置"命令，光标变为小矩形框，选择梁体KL9（5），弹出"梁筋布置"对话框，默认钢筋布置方式为手动布置，如图3-103所示。

梁跨	箍筋	面筋	底筋	左支座筋	右支座筋	腰筋	拉筋	加强筋	其它筋	标高(m)	截面(mm)
集中标注										0	250x600
1											250x600
2											250x600
3											250x600
4											250x600
5											250x600

其它钢 □缺省   识梁 组跨 设置 核查   选择 参照 布置 下步(N)

图3-103

在"集中标注"一栏"箍筋""面筋"和"腰筋"的位置分别输入"A8@100/200（2）""2C20"和"N4C12"；在第一跨段一栏"底筋""腰筋""左支座筋""右支座筋"和"截面"的位置分别输入"2C16""G4C12""2C14""4C14"和"200×600"；在第2跨、第3跨和第4跨的"加强筋"处分别输入"J6A8（2）"；其余梁跨段的钢筋信息输入按照图纸的原位标注进行输入即可，如图3-104所示。

梁跨	箍筋	面筋	底筋	左支座筋	右支座筋	腰筋	拉筋	加强筋	其它筋	标高(m)	截面(mm)
集中标注	A8@100/200(2)	2C20				N4C12	2*A6@400			0	250x600
1			2C16	2C14	4C14	G4C12					200x600
2			2C22+2C20	2C20+1C18				J6A8(2)			250x600
3			2C22+1C20	2C20+2C18				J6A8(2)			250x600
4			2C22+2C20	2C20+2C18	2C20+1C18			J6A8(2)			250x600
5			2C16	3C16	2C16	G4C12					200x600

其它钢 □缺省   识梁 组跨 设置 核查   选择 参照 布置 下步(N)

图3-104

（3）钢筋显示

钢筋信息填入完成之后，点击对话框右下角的"布置"按钮，完成框架梁钢筋的布置，关闭"梁筋布置"对话框。

在状态栏中关闭底图、着色和填充，打开"钢筋线条"，则梁的钢筋在平面清晰可见，如图3-105所示。

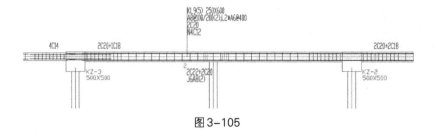

图3-105

点击"三维着色"命令，在线框显示状态下选中KL9（5），在右键菜单中选择"核对单筋"命令，则可以清楚地查看梁中各类型的钢筋模型及计算公式。如图3-106所示。

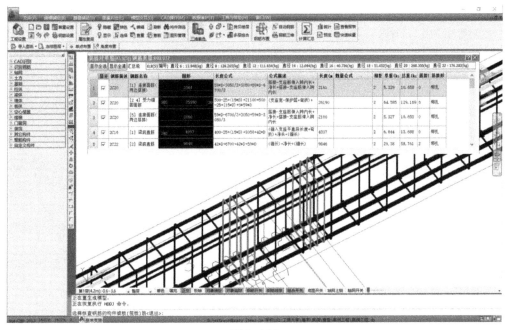

图3-106

3.9.2 识别布置梁钢筋

梁钢筋的识别布置操作可通过两种操作方式实现，一种是选择"快捷菜单"中的"钢筋布置"命令，另外一种是选择"屏幕菜单"中"识别钢筋"下的"识别梁筋"命令。无论哪一种操作方式，选择命令后，首先必须要选择梁体，在选择梁体的时候要先选择布置带有集中标注和原位标注的梁，若选择无钢筋信息的梁体，则软件无法识别布置该梁的钢筋。

（1）选梁识别

①读取并识别钢筋信息

选择"屏幕菜单"中"识别钢筋"下的"识别梁筋"命令，选择6号轴线上编号为KL3（4A）的框架梁，弹出"梁（条基）筋布置"对话框，选择对话框左下角"选梁识别"命令，如图3-107所示。

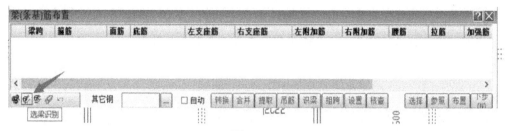

图3-107

再次选择KL3（4A）上的任意一段梁跨，接着按下鼠标右键。执行操作后发现，6号轴线KL3（4A）上面的钢筋标注信息虚线显示，并且其钢筋信息被读取到"梁筋布置"对话框中，如图3-108所示。

图3-108

校核图纸的钢筋标注是否全部被读取，并且数据正确。通过对比可以发现，左悬挑端的腰筋"G4C12"并未被读取到，故需要手动添加到对应的空格位置，钢筋信息输入完毕后点击"布置"按钮。

②校对钢筋信息

KL3（4A）的钢筋布置完成之后，先关闭"梁筋布置"对话框，查看KL3（4A）识别后的平面钢筋信息，发现除了第3段梁跨，其余跨都多出了钢筋描述为"2×A6@400"的标注，并且左悬挑端自动生成了附加箍筋，如图3-109所示。

③修改钢筋信息

关于多出的钢筋"2×A6@400"，可由图号"G-2/22结构设计说明（二）"中第七项第二点"框架梁、次梁构造"可知：当梁腹板高度（梁高-板的厚度）≥450mm时，在梁

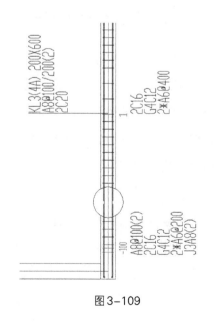

图3-109

的两个侧面应沿高度配置纵向构造腰筋；纵向构造钢筋的间距a≤200，未标明的纵向构造钢筋为∅12；拉筋直径为∅6@400。当设有多排拉筋时，上下两排拉筋竖向错开设置。

KL3（4A）的梁腹高软件自动按照规范默认设置了拉筋，因此不需要修改拉筋。

关于左悬挑端多出的附加箍筋"J3A8（2）"，设计说明未要求附加，因此需要删除。再次使用"钢筋布置"命令选择KL3（4A），弹出梁筋布置对话框，点击对话框右下角的"下步"按钮，点击左悬挑的加强筋"J3A8（2）"，对话框将如图3-110所示。

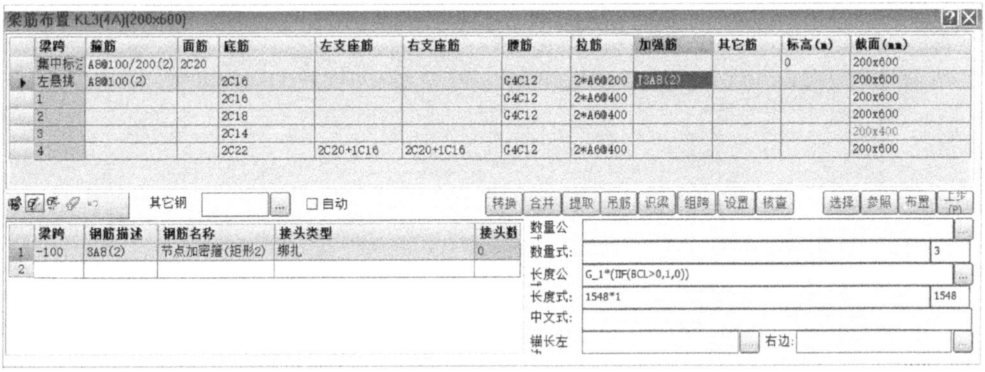

图3-110

若想要修改选中的钢筋的计算公式，可点击"长度公式"一栏后面的按钮，出现如图3-111所示的"公式编辑"对话框，点击下方按钮"全部关键字表"，即可查找每个字母或组合字母所代表的含义，如图3-112所示。

图3-111

图3-112

在这里我们要做的不是修改附加箍筋的计算公式，而是删掉它，因此关闭"公式编辑"对话框，在点开"下步"按钮的下方模块中，选择左边部分的附件箍筋，使用右键菜单中的"删除"命令将它删除，如图3-113所示。

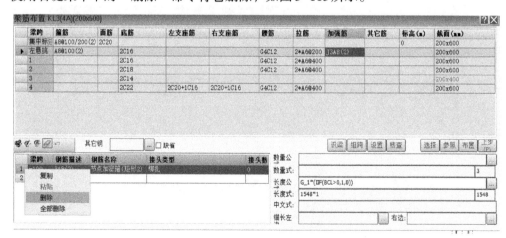

图3-113

删除后再次点击"上步"按钮,合上详细显示内容,接着删除左悬挑的加强筋"J3A8（2）",点击"布置"按钮,弹出对话框提示是否重新按平法生成钢筋,如图3-114所示,选择"是",即可完成附加箍筋的删除。

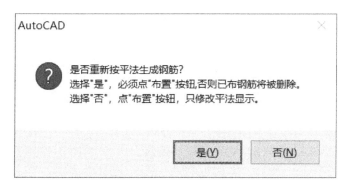

图3-114

（2）选梁和文字识别

该识别方式适用于:当所要识别的梁上钢筋标注信息与相邻的梁体标注信息位置距离太近,导致使用第一种"选梁识别"的方式误将相邻梁的钢筋信息读取,因此,使用"选梁和文字识别"能够避免识别错误。

①读取并识别钢筋信息

选择"钢筋布置"命令,选择A轴线上编号为"WKL1（1B）"的梁体,选择识别方式为"选梁和文字识别",如图3-115所示。

图3-115

选取WKL1（1B）的所有梁跨和所有钢筋标注信息,选取完成之后按下鼠标右键,则所选的钢筋标注被读取到"梁筋布置"对话框中,在对应的梁跨段位置,如图3-116所示,与CAD底图进行对比,若无问题即可点击"布置"按钮。

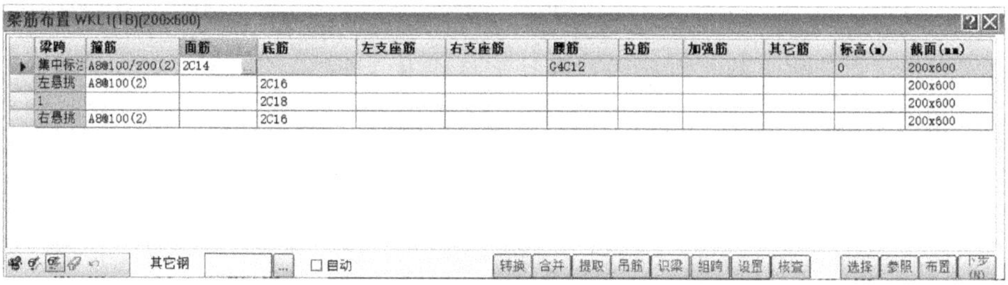

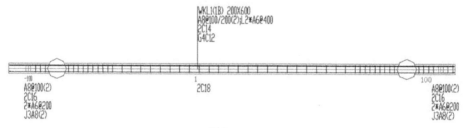

图3-116

②钢筋平面显示

在"梁筋布置"对话框中并没有识别到附加箍筋,但是按照图3-116所示钢筋配置布置梁筋之后,软件会自动根据主次梁相交情况按照规范生成附加箍筋,如图3-117所示识别后WKL1(1B)的平面钢筋表示。

图3-117

(3)自动识别

这种识别方式适用于梁平面布置图标注工整、图层设置规范的情况下,对图纸的要求较高。其命令位置在"梁筋布置"对话框的左下角,如图3-118所示。

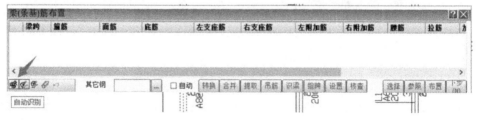

图3-118

选择识别方式为"自动识别",点击"布置"后会弹出对话框,提示是否自动识别梁筋,如图3-119所示,点击"是",自动识别梁筋。

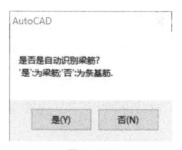

图3-119

3.10 二层现浇板布置

3.10.1 布置前准备

（1）清空图纸

在算量软件中执行"清空图纸"命令，可直接在命令栏输入"QKTZ"快捷键。

（2）拷贝图纸

在CAD图纸中框选图号G-19/21"二层现浇板平面图"，执行"复制"命令，切换至三维算量软件后执行"粘贴"命令。

（3）图纸定位

移动二层现浇板平面图与算量项目文件中的轴网重合对齐，如图3-120所示。

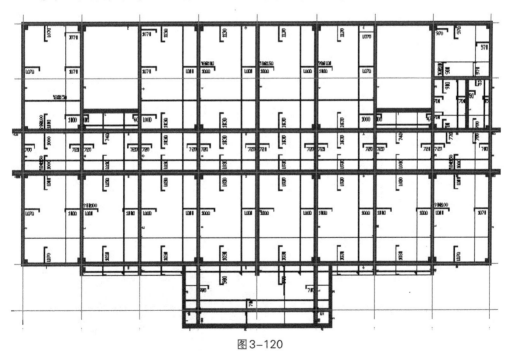

图3-120

（4）获取现浇板信息

查看图号G-19/21"二层现浇板平面图"，由"现浇板说明"可知：未注明板面标高均为3.600m；未注明的现浇板板厚为120mm。

3.10.2 布置板体

同时按下键盘的"Ctrl"＋"1"键，关闭轴线的显示，然后再布置轴网。若在开启轴网状态下布置板体，则使用"点选内部生成"命令布置板体时将会以轴线为边界，如图3-121所示。

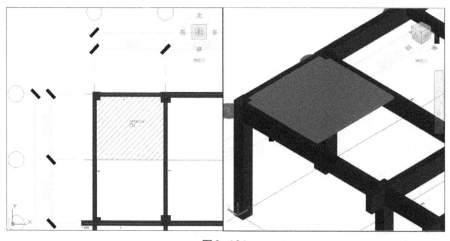

图3-121

（1）定义编号

点开屏幕菜单中的"板体"，下拉菜单中选择"现浇板"，激活显示编号栏和导航器，在编号栏中选择"编号"按钮，弹出"定义编号"对话框，如图3-122所示。

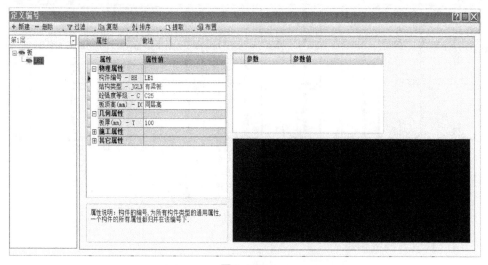

图3-122

修改构件编号为"LB120",设置板顶高为"同层高",设置板厚为"120",点击右上角"布置"按钮,进入绘制板体状态。

(2)布置板体

布置方法主要有三种方式:手动布置、智能布置和自动布置。如图3-123所示。

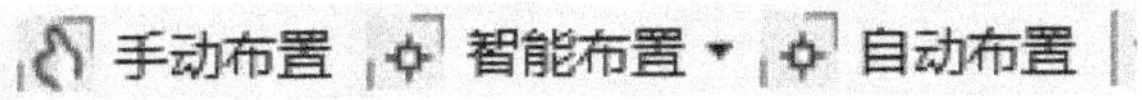

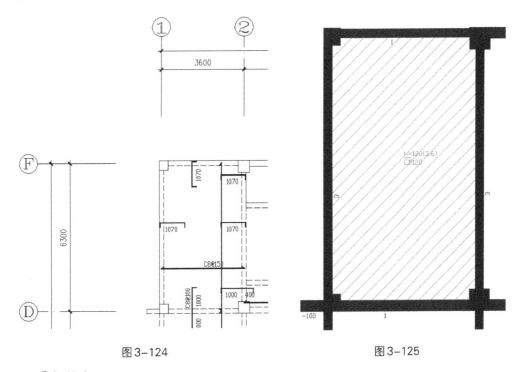

图3-123

①手动布置

使用手动布置的方式意为绘制封闭的轮廓,按照绘制的轮廓生成楼板,如图3-124所示布置轴线1～轴线2;轴线D～轴线F区域的楼板,选择"布置修改选择栏"中的"手动布置"命令,捕捉梁内边线与柱子轮廓的交点、柱角点,绘制的起始点与终点的位置一致,形成封闭轮廓,如图3-125所示。

图3-124   图3-125

②智能布置

点选内部生成:执行命令后,光标移动至图纸中楼板所在位置,如图3-126所示,按下鼠标左键,则软件自动生成楼板。

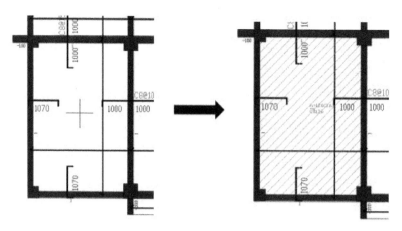

图 3-126

实体外侧：框选CAD底图楼板边缘轮廓，如图3-127所示矩形框为CAD多段线轮廓，执行"实体外侧"命令后，指定包含矩形轮廓的四个点，形成封闭轮廓，则软件自动在中间生成以矩形轮廓线为边界的板体，也可以在命令栏如图3-128所示输入相关命令绘制多边形及曲线轮廓。

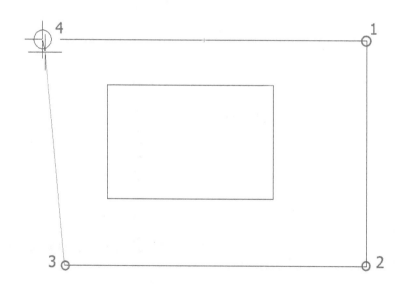

图 3-127

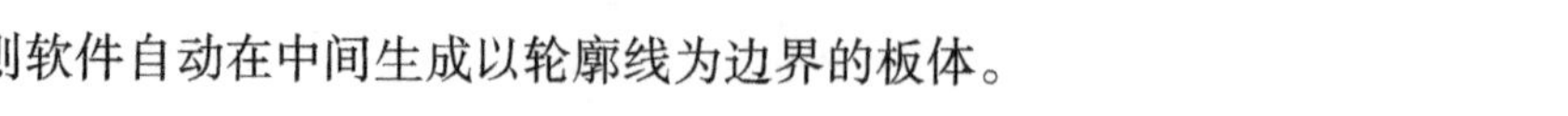

请输入下一点<退出>或 圆弧上点(A) 半径(R) 平行(P) ：

图 3-128

实体内部：执行命令后，光标变为小矩形框，框选CAD轮廓线后，按下鼠标右键，则软件自动在中间生成以轮廓线为边界的板体。

矩形布置：执行命令后，指定两点绘制矩形楼板，如图3-129所示。

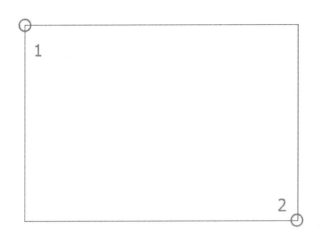

图3-129

③自动布置

执行"自动布置"命令之后，弹出如图3-130所示对话框，点击"提取"按钮，提取楼板编号或板厚标注图层，按图纸说明要求设置未标注板厚的楼板编号，勾选"柱、暗柱"和"梁"，设定完成之后选择"自动布置"按钮，则软件在CAD底图的基础上自动布置楼板。

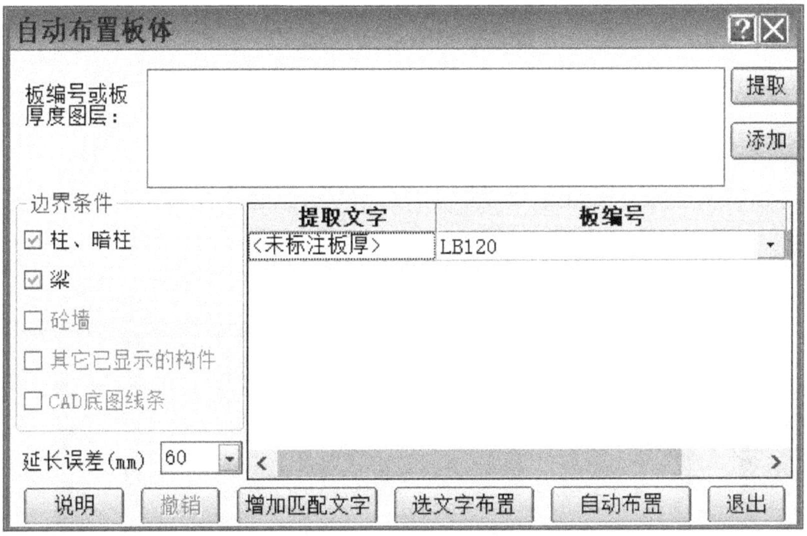

图3-130

B轴线下方的悬挑板用"矩形布置"命令布置，如图3-131所示。由于已经布置完成柱和楼层梁，选择"点选内部生成"命令布置其余楼板，楼梯间位置不需要布置楼板，布置完成之后如图3-132所示。

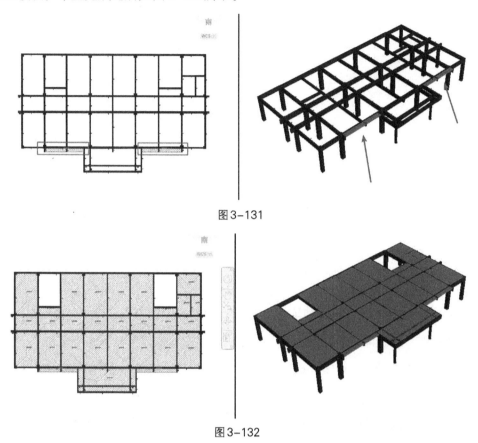

图 3-131

图 3-132

（3）板体调整

①合并板体

查看轴线3～轴线7：轴线A～轴线B之间的楼板钢筋，得知雨棚板的底筋通长，因此需要合并如图3-133所示雨棚位置的6块板体。

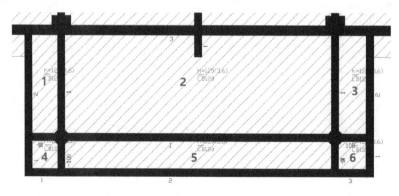

图 3-133

在"布置修改选择"栏中选择"板体调整"命令下的"合并拆分",弹出"板体合并与拆分"对话框,如图3-134所示,选择第一项"点选板合并",点选要合并的6块板体即可,合并完成之后按下鼠标的右键可以退出继续合并板操作。

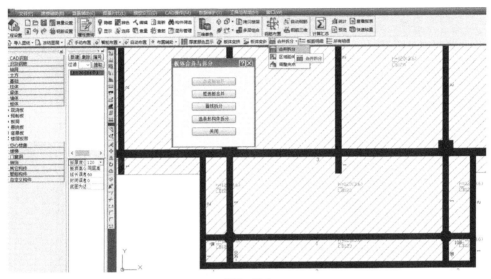

图3-134

②区域延伸

由于梯口梁与楼层梁区域的板体采用"矩形布置"的方式绘制,因此楼板与柱角有重合部分,如图3-135所示。虽然软件进行板体工程量汇总计算时会将构件与构件之间的重合部分按照扣减规则处理,但是为了减少软件的计算处理时间,建议对构件进行调整,可使用"板体调整"命令下的"区域延伸"命令。

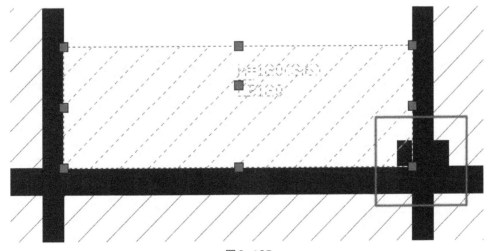

图3-135

执行"区域延伸"命令，弹出如图3-136所示"板延伸参数设置"对话框→设置"延伸类型"为"延伸到墙梁内边线"，勾选"绕柱角"→选中要调整的板体→按下鼠标右键→完成板体绕柱角调整，如图3-137所示。

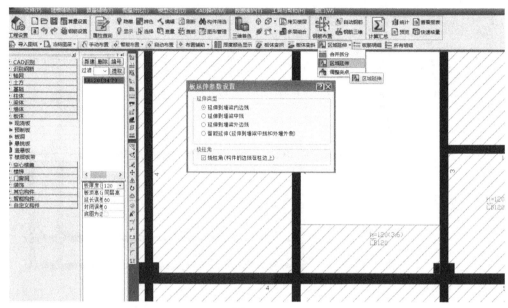

图3-136

图3-137

3.11 二层现浇板钢筋布置

3.11.1 布置前准备

（1）板筋说明

由"二层现浇板平面图"的现浇板说明可知：未注明的板面负筋为"C8@200"；未注明的板底钢筋为"C8@200"；板面负筋下的构造分布筋为"C8@300"。"当墙下无梁时，在板底对应位置加设2C14的钢筋"，可使用"自动钢筋"进行布置。

在状态栏中关闭"填充"，如图3-138所示有弯钩的板筋线为底筋，因此在板筋"识别设置"中修改"无弯钩的板筋线"为"面筋"，如图3-139所示。

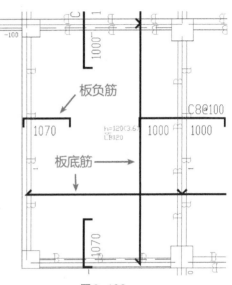

图3-138

图3-139

（2）钢筋描述转换

选择屏幕菜单中"识别钢筋"选项下的"钢筋描述转换"功能，选择钢筋等级符为问号的符号，在"钢筋描述"对话框中确认信息转换无误之后点击"转换"按钮，完成钢筋信息描述的转换操作，并关闭对话框。

3.11.2 板筋布置

板钢筋的布置操作可通过两种操作方式实现，一种是选择快捷菜单中的"钢筋布置"命令，另外一种是选择屏幕菜单中"识别钢筋"下的"识别板筋"命令。选择命令后，选择板体，弹出如图3-140所示对话框。下面分别讲解几种常用的布置板筋的方式：选负筋线识别、自动负筋识别、四点布置、选板边布置、选梁墙布置、选板双向。

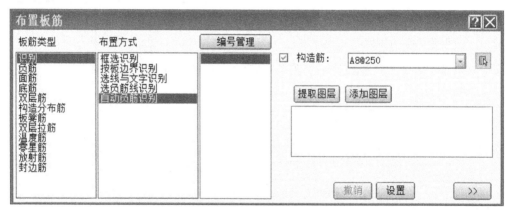

图3-140

（1）选负筋线识别

选择板筋类型为"识别"，布置方式为"选负筋线识别"，点击上方"编号管理"按钮，弹出"板筋编号"对话框，设置面筋描述为"C8@200"，设置构造分布筋为"C8@300"，如图3-141所示，点击"确定"按钮完成识别设置。

在"选负筋线识别"状态窗口下选择"提取图层"按钮，分别选择CAD图纸的板负筋线条、尺寸标注和钢筋描述，提取完成之后如图3-142所示。若有未提取的图层，可使用"添加图层"按钮继续添加。

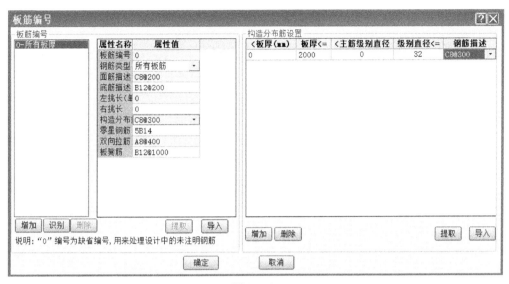

图3-141

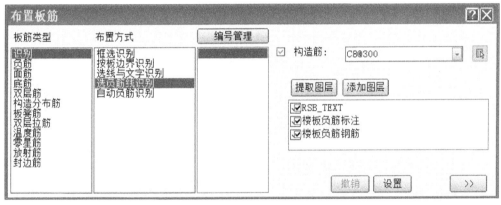

图3-142

点击"设置"按钮，弹出"计算设置和识别设置-板"对话框，在"计算设置"标题下，"板负筋"栏目下设置单边标注支座负筋标注长度位置为"支座外边线"，如图3-143所示，设置完成之后点击"确定"退出。

首先布置轴线B：轴线1～轴线2范围内的负筋，反向框选中负筋线条之后，按下鼠标右键，完成负筋的布置。由识别后的负筋可见，箭头的长度为负筋的布置范围，由于板负筋线上方没有钢筋描述信息，则软件按照"板筋编号"里的设定自动识别未标注的面筋为"C8@200"，如图3-144所示，负筋的净长为CAD图纸所标注的负筋尺寸，在识别有钢筋描述标注的板负筋时，则软件会自动识别其钢筋信息。

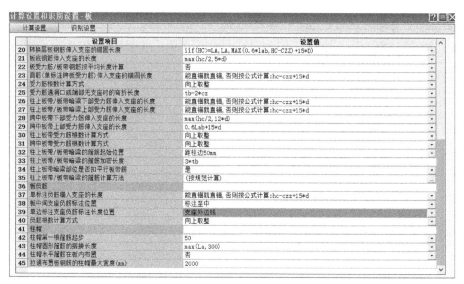

图 3-143

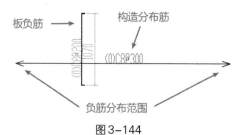

图 3-144

在布置板钢筋的时候，需要显示出柱、梁和砼墙（有则显示），若不显示就布置板筋，命令栏将提示"没有搜索到梁或墙不能识别"。

（2）自动负筋识别

按上步操作提取图层，选择任意一条负筋线，然后按下鼠标右键完成所有板负筋的识别。由于上个步骤已经布置了个别板负筋，因此使用自动识别后会出现负筋重复布置情况，如图 3-145 所示。

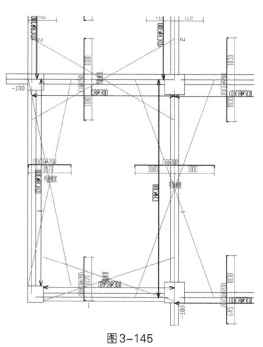

图 3-145

选中"可能重复"文字，按下键盘的"Delete"键删除即可。

使用自动负筋识别功能布置板负筋之后，要对布置完成之后的钢筋进行检查，避免位置重复布置或者没有布置。

（3）选板双向布置板底筋

在"布置板筋"对话框中，选择板筋类型为"底筋"、布置方式为"选板双向"，按板筋说明要求：未注明的板底钢筋为"C8@200"，因此在布置无底筋信息描述的板体时，设置底筋的X向和Y向的信息为"C8@200"→设置完成之后，选择无底筋信息描述的板体→接着按下鼠标右键，软件自动布置上板底筋。

若板底筋有钢筋描述，则在"布置板筋"对话框设置X向和Y向底筋的实际值，如图3-146所示。

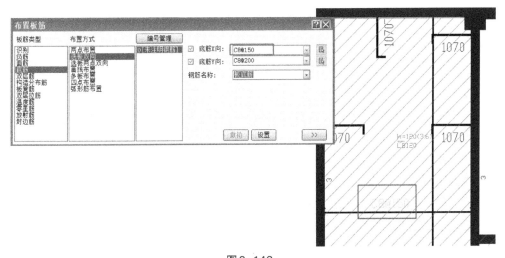

图3-146

（4）板筋显示

布置完成板筋之后，若想显示某个位置的板筋，可以使用"板筋明细"命令实现，命令所在位置如图3-147所示。

选择"板筋明细"命令→选择想要查看的钢筋线条，再按下鼠标右键即可。

若想查看所有板钢筋的明细，则选择"所有明细"命令，不需要选择板钢筋，软件自动显示所有的板筋线条，如图3-148所示。不显示所有板筋线条，则再次点击"所有明细"即可。

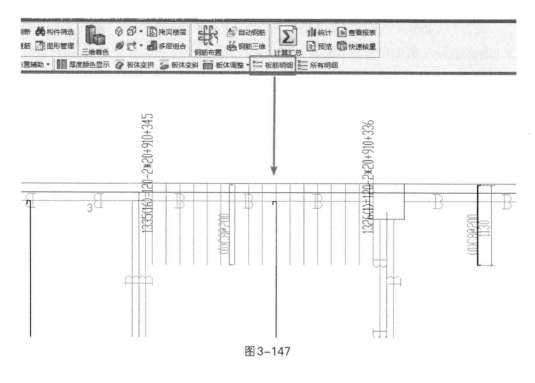

图3-147

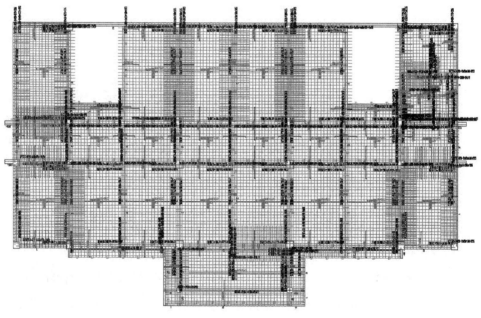

图3-148

3.12 其余楼层柱、梁、板及钢筋布置

3.12.1 柱及柱钢筋布置

二层至冲层的框架柱及钢筋布置方式同章节"3.1"和"3.2"。

在布置冲层的框架柱时，需要将图号G-13/21"5层框架柱平面图"拷贝至三维算量软件"冲层"楼层平面视图，首先将图纸与项目的轴网对齐，此时，冲层框架柱平面图仍在主体之外，但不影响柱子建模，因此可以先基于冲层框架柱平面图创建KZ-3和KZ-5两种编号的柱子一共8根，然后将所有柱子移动至主体轴网之内。移动基点可指定冲层西侧左上角KZ-3内轴网交点与轴网2和轴网F交点处KZ-3内的轴网交点对齐。

在布置KZ-3和KZ-5柱子钢筋的时候，发现两者的配筋信息是一样的，因此在使用柱筋平法布置完第一根柱子钢筋之后，在布置第二根柱子钢筋时可以使用"参考"命令，直接赋予该柱子的钢筋信息同另外一根柱子，如图3-149所示。

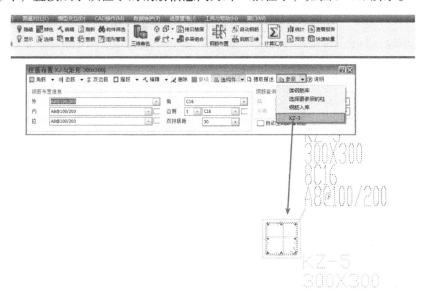

图3-149

布置完成所有楼层的框架柱及钢筋之后进行多层组合，模型如图3-150所示。

图3-150

3.12.2 梁体及梁钢筋布置

使用"清空底图"命令，清空所有楼层的底图，如图3-151所示。

（1）冲层梁布置

三层至冲层的框架梁及梁钢筋布置方式同章节"3.8"和"3.9"。

在布置冲层框架梁时，由于在冲层的平面位置上已经布置了柱子，因此直接从CAD软件里面复制"冲层框架梁平面图"至主体轴网内部，移动的对齐基点可以选择柱子角点位置或者轴网交点，布置完成之后，如图3-152所示。

图3-151

图3-152

（2）复制编号

由于每个楼层的梯口梁编号及属性一致，则在布置其他楼层时，不需要重新定义TL1的编号属性，可以直接复制首层的TL1编号。

例如，布置梁顶标高为7.2m的TL1。切换至第2层平面，展开屏幕菜单中的"梁体"→选择子命令"梁体"，弹出"定义编号"对话框→选择对话框上方"复制"命令的下拉箭头→选择"复制编号"，如图3-153所示→弹出"复制编号"对话框，源楼层选择"第1层"，"目标楼层"选择第2至5层，在"编号列表"里面只勾选"TL1"，如图3-154所示→设置完成之后点击"确定"按钮，则第1层的"TL1"编号出现在梁体的编号列表里→点击"布置"按钮，依据CAD底图布置梯口梁。

图3-153

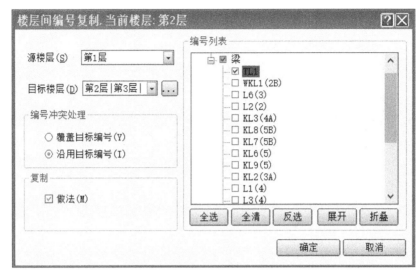

图3-154

布置完成所有楼层的梁体之后的模型如图3-155所示。

图3-155

3.12.3 板体及板钢筋布置

使用"清空底图"命令，清空所有楼层的底图，导入现浇板平面图布置楼板及钢筋。

（1）拷贝楼层

由于三、四、五楼层的现浇板一致，在布置完三层现浇板后，因此可以使用"拷贝楼层"的功能将三层现浇板及钢筋拷贝至四层和五层。源楼层选择为"第3层"，目标楼层选择"第4层"和"第5层"，并勾选"复制钢筋"，如图3-156所示。

图3-156

（2）冲层现浇板布置

在布置冲层的现浇板时，由于冲层现浇板平面图在主体轴网之外，并且在冲层平面位置上已经布置好了柱子与梁体，因此可以直接将"冲层现浇板平面图"移动至主体轴网之内，移动的对齐基点可以选择柱子角点位置或者轴网交点。

布置完所有楼层的板体之后的模型如图3-157所示。

图3-157

3.13 楼梯及钢筋布置

3.13.1 楼梯布置

（1）布置前准备

①视图整理

切换至第1层平面视图，在快捷菜单中选择"显示"命令，弹出对话框设置当前楼层构件的显示情况，不勾选"钢筋"，勾选"结构"与"轴线"，如图3-158所示。

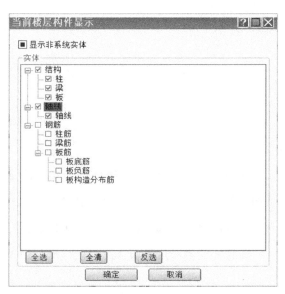

图3-158

使用"清空图纸"命令清除不需要使用的CAD底图。

②楼梯信息获取

查看图号G-5/20"楼梯结构大样",可获知楼梯的下跑梯段与上跑梯段的编号都是TB1,且相关楼梯组成部分信息均已给出;查看图号J-13/14"楼梯及节点大样图"可获知楼梯的平面详细信息。

（2）定义楼梯组成构件编号

选择屏幕菜单中"楼梯",在展开的命令中选择"楼梯",则屏幕菜单一侧显示构件编号栏,点击"编号"按钮,弹出定义编号对话框。由于在布置梁体时已经布置了编号为"TL1"的梯口梁,软件具备根据编号名称自动归类的功能,因此编号为"TL1"的梁归类为楼梯梁,出现在楼梯的定义编号对话框中,如图3-159所示。

①定义梯段

在对话框中选择"梯段"→点击"新建"按钮,则软件自动生成编号"AT1",修改名称为"TB1",关于楼梯的结构类型可以在"结构类型"属性栏目中根据图纸的要求选择对应的类型,如图3-160所示,该项目中选择"A型楼梯"→根据"楼梯及节点大样图"可知梯段板宽为1650,根据"楼梯结构大样"图设置踏步高度为150、踏步宽度为300、梯板厚为120、踏宽数为11,设置完成之后梯段定义如图3-161所示。

图3-159

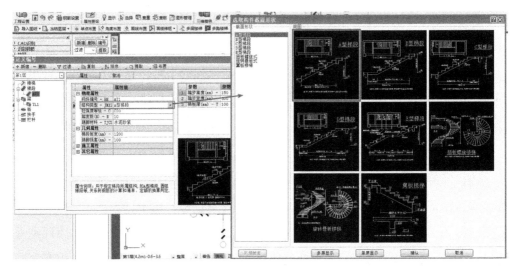

图3-160

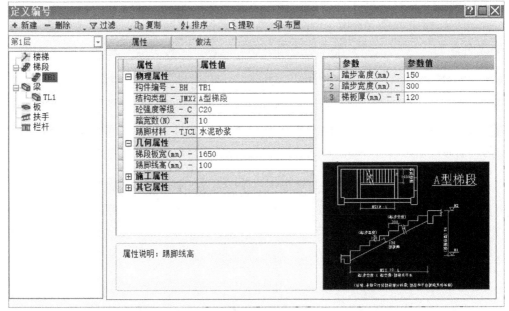

图3-161

②定义楼梯梁

关于楼梯梁的信息在楼梯结构大样图中已给出，如图3-162所示。

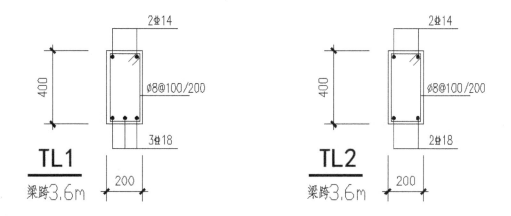

图3-162

由于之前已经布置了TL1，因此不需要重复定义，在定义编号对话框中选中TL1，点击左上角"新建"按钮→软件会自动复制TL1的信息，并新建编号为"TL2"的楼梯梁，由于两个楼梯梁的截面尺寸一样，因此不需要修改尺寸。

③定义平台板

在定义编号对话框中选择"板"→点击"新建"，则新建出编号为"PTB1"的楼梯平台板，根据楼梯结构大样图中"半平台示意图"，如图3-163所示，设置板厚为120。

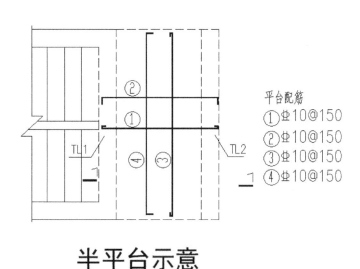

图3-163

④定义栏杆、扶手

在定义编号对话框中选择"扶手"→点击"新建",扶手信息按默认设置即可→选择"栏杆"→点击"新建",按默认设置即可。

（3）定义楼梯编号

在定义编号对话框中选择"楼梯"→点击"新建",设置LT1的属性值,由于图纸中并未对楼梯的名称进行要求,故楼梯的编号可按默认设置→设置楼梯类型为"下A上A型"→选择下跑梯段编号为TB1→选择上跑梯段为TB1→不设置梯口梁→选择平台梁编号为TL1→选择平台口梁编号为TL2→选择平台板编号为PTB1→选择栏杆编号为LG1→选择扶手编号为扶手1→根据楼梯平面大样图可知,梯井宽度为100,因此设置指定梯井宽为100→根据楼梯结构剖面,如图3-164所示,设置平台板宽为1400。

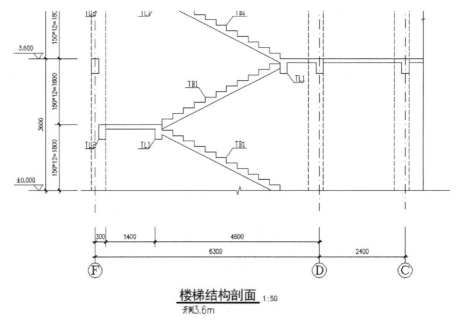

楼梯结构剖面 1:50
开间3.6m

图3-164

楼梯编号属性定义好之后如图3-165所示。

（4）布置楼梯

楼梯属性定义完成之后点击"布置",在导航器中设置楼梯的底高度为"600"→设置起跑方向为"标准双跑逆时针"→在绘图区域捕捉楼梯的平面放置点,如图3-166所示。

楼梯布置完成之后的三维模型如图3-167所示。

布置完成西侧的楼梯之后,将已布置的楼梯复制到东侧的楼梯间位置。

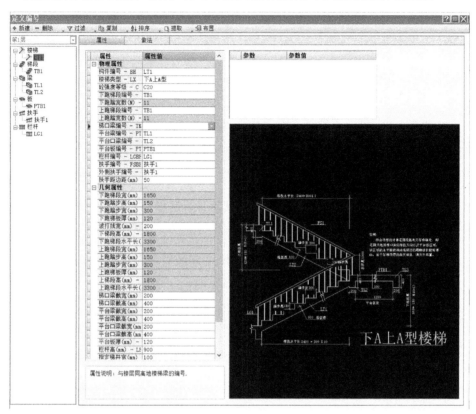

图3-165

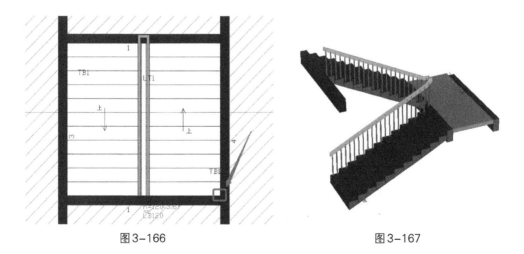

图3-166   图3-167

3.13.2 楼梯钢筋布置

（1）楼梯梁的钢筋布置

由于在布置楼面梁的时候已经布置了TL1的钢筋，因此不需要再重复布置，只需要布置TL2的钢筋即可。

选择"钢筋布置"命令→选择TL2，弹出梁筋布置对话框，切换至手动布置→根据TL2截面大样图填入钢筋信息，在集中标注一栏，设置箍筋为"A8@100/200"、面筋为2C14、底筋为2C18→设置完成后点击"布置"按钮。

（2）平台板的钢筋布置

由半平台示意图可知，平台板布置了双层双向钢筋，X和Y向的面筋、底筋都是"C10@150"。

选择"钢筋布置"命令→选择PTB1，弹出布置板筋对话框，选择板筋类型为"双层筋"→设置布置方式为"选板双向"→设置面筋X和Y向、底筋X和Y向的钢筋为"C10@150"，如图3-168所示→设置完成之后选择PTB1，再按下鼠标右键，完成平台板钢筋的布置→布置完西侧的平台板钢筋之后还要布置东侧的平台板钢筋。

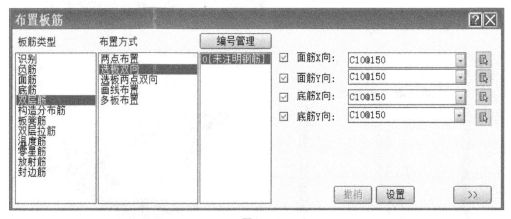

图3-168

（3）梯段的钢筋布置

梯段的钢筋布置参考"梯板配筋表"（图3-169）及"梯板大样图"（图3-170）。

名称	编号	类型	梯板尺寸			板厚	梯板配筋			
			L1	L	H		①	②	③	④
楼梯1	TB1	A		300x11=3300	150x12=1800	120	Φ12@100	Φ8@200	Φ8@200	Φ8@200

注: 梯板尺寸及位置结合建筑大样确定施工.
　梯板板底的分布筋②须每个踏步设置一根
　楼梯构件的混凝土等级同所在楼层梁板的混凝土等级.

图3-169

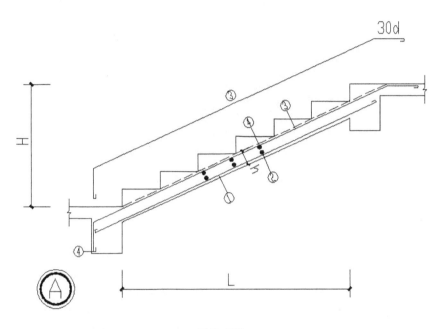

图3-170

选择 "钢筋布置" 命令→选择梯段TB1, 弹出编号配筋对话框→在 "简图钢筋" 一栏中点击 "请选择样式", 则弹出样式选择对话框, 如图3-171所示, 按图纸要求, 这里选择 "样式二" →结合 "梯板配筋表" 及 "梯板大样图", 在相应的位置填入钢筋信息, 如图3-172所示→关闭窗口, 完成梯段钢筋的布置。

(4) 梯段钢筋显示

切换至三维着色状态, 选中一个梯段, 在右键菜单中选择 "核对单筋", 可查看梯段钢筋的公式及三维模型, 如图3-173所示。

首层楼梯及钢筋布置完成后, 可通过拷贝楼层的方式将其拷贝至其他楼层。

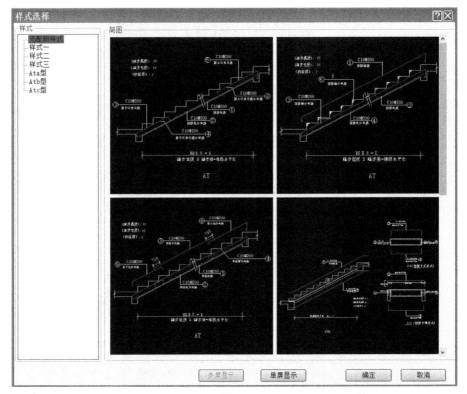

图 3-171

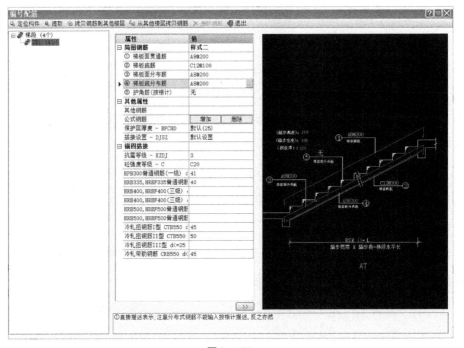

图 3-172

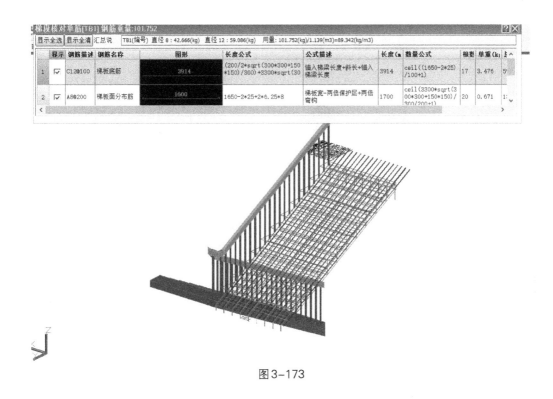

	显示	钢筋描述	钢筋名称	图形	长度公式	公式描述	长度(m	数量公式	根数	单重(k	点
1	☑	C12@100	梯板底筋	3914	(200/2*sqrt(300*300+150 *150)/300)+3300*sqrt(30	锚入梯梁长度+斜长+锚入 梯梁长度	3914	ceil((1650-2*25) /100+1)	17	3.476	5
2	☑	A8@200	梯板面分布筋	1600	1650-2*25+2*6.25*8	梯板宽-两倍保护层+两倍 弯钩	1700	ceil(3300*sqrt(3 00*300+150*150)/ 300/200+1)	20	0.671	1

图 3-173

3.14 其他结构构件及钢筋布置

3.14.1 凸窗板布置

（1）确定凸窗板位置

查看图号G-20/21"三四五层现浇板平面图"，在F轴线位置有凸窗，根据索引符号可知该大样图在本张图纸，且编号为①的大样图，如图3-174所示。凸窗在立面图的表达可在图号J-10/14"⑨~①轴立面图"中体现，如图3-175所示。

（2）布置凸窗板

①清空图纸

在三维算量软件中切换至第2层平面视图，清空不需要的图纸，复制"三四五层现浇板平面图"，并将图纸与主体轴网对齐。

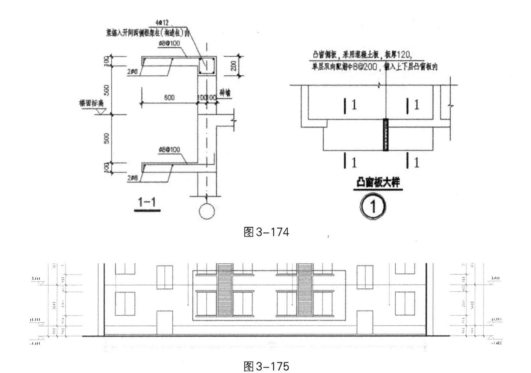

图3-174

图3-175

②钢筋描述转换

只需要转换1-1剖面图的钢筋符号即可。

③缩放图纸

在"布置修改选择栏"最左侧"导入图纸"命令中，点击下拉箭头，弹出如图3-176所示选项→选择"缩放图纸"命令（或者直接在命令栏中输入快捷键"SFTZ"）→框选1-1剖面图，按下鼠标右键→命令栏提示"指定两点确定图上距离"，则选择标注线正交方向上的两点，例如，选择数值为100的尺寸标注线垂直方向上的两点，如图3-177所示→命令栏提示输入实际距离，则输入图上所标注的距离，输入后按下回车键→命令栏提示指定基点，则选择剖面图上任意的一点即可→按两下鼠标右键退出缩放图纸命令。

图3-176

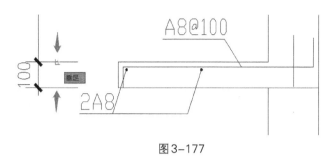

图 3-177

④节点构件

a. 凸窗板-上

在屏幕菜单中展开"其他构件",在展开的菜单中选择"节点构件",弹出节点编辑对话框,如图 3-178 所示→点击"新建编号"按钮,新建的默认名称为"1-1",修改名称为"凸窗板-上"→点击定位点后面的"提取"按钮,为了便于后面绘制,这里提取如图 3-179 所示定位点→选择悬挑板一栏后面"添加"按钮的下拉箭头,在下拉功能中选择"添加多义线"→描取上部凸窗板的轮廓,完成之后按下鼠标右键,如图 3-180 所示→关闭对话框,进行构件的布置。

图 3-178

布置编号为"凸窗板-上"的节点构件时,设置导航器中定位点高为0,平面绘制的位置如图 3-181 所示。

布置完 3.6m 标高处的"凸窗板-上"节点,使用拷贝楼层的方法将它拷贝至第1层,按照图纸要求设置它的高度。

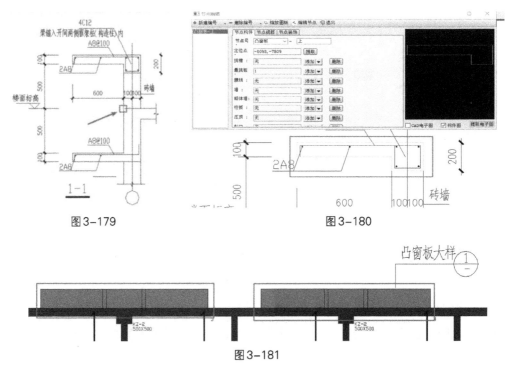

图3-179   图3-180

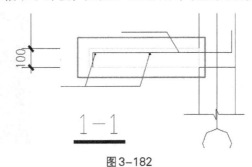

图3-181

b. 凸窗板-下

新建编号为"凸窗板-下"的节点构件→定位点的提取与凸窗板-上构件一致→选择悬挑板的矩形来描取下部板，如图3-182所示，完成之后关闭对话框。

图3-182

布置编号为"凸窗板-下"的节点构件时，同样设置导航器中定位点高为同层高，平面绘制如图3-183所示。

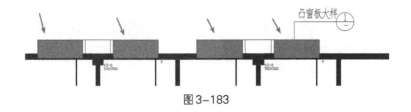

图3-183

上、下两处凸窗板绘制完成后效果如图3-184所示。

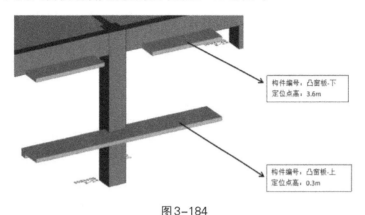

构件编号：凸窗板-下
定位点高：3.6m

构件编号：凸窗板-上
定位点高：0.3m

图3-184

⑤竖悬板

由凸窗板大样图可知，该工程中的凸窗有凸窗侧板，此构件可以用三维算量软件中的"侧悬板"布置。

展开屏幕菜单中的板体，在展开的菜单中选择"竖悬板"→进入定义编号界面，设置竖悬板厚为100，竖悬板高为同层高→点击"布置"按钮。

凸窗侧板的平面绘制位置如图3-185所示，构件查询四块竖悬板，设置底标高为0.9m，高度为同层高。

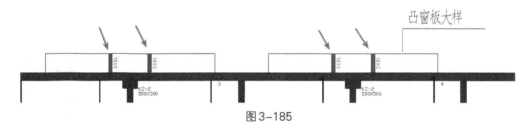

图3-185

3.14.2 凸窗板钢筋的布置

（1）凸窗板-上

切换至节点构件编号列表，点击"编号"按钮，进入定义编号对话框→点击"新建"，进入节点编辑对话框→选中"凸窗板-上"，切换至"节点钢筋"，选择上方"新建钢筋"的下拉箭头，如图3-186所示，在下拉功能中选择"新建横向钢筋"→描取上部凸窗板内的横向钢筋→描取完成之后按下鼠标的右键，命令栏提示提取钢筋描述文字，则提取"A8@100"→设置两端为无弯钩→再次点击新建钢筋的下拉箭头，在功能菜单中选择"点选纵向钢筋（增加条目）"，首先点选2A8所指向的两根纵筋→再次选择"点选纵向钢筋（增加条目）"，这次点选4C12所指向的四根纵筋。设置完成之后如图3-187所示。

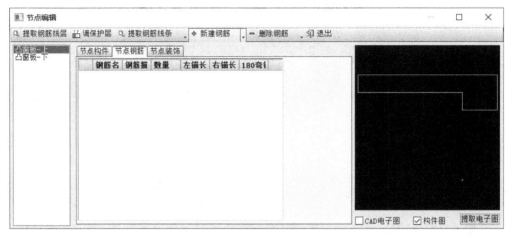

图3-186

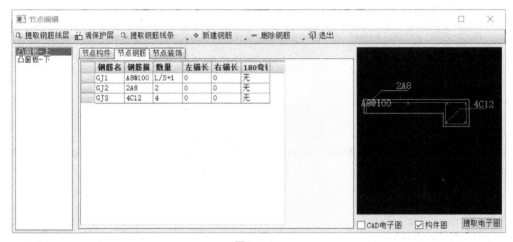

图3-187

（2）凸窗板-下

下部凸窗板的钢筋布置同上。

（3）竖悬板

选择"钢筋布置"命令→选择竖悬板，弹出编号配筋对话框，在简图钢筋属性中选择配筋样式二→设置悬出竖向筋和悬出横向筋为A8@200→设置完成后关闭对话框即可。

第二层的凸窗板及钢筋布置完成后，可通过拷贝楼层的方式将其拷贝至其他楼层，注意修改第1层及第5层凸窗侧板的高度及凸窗板–上的高度位置。

布置完成后模型整体效果如图3–188所示。

图3–188

建筑建模

4.1 首层砌体墙布置

关于墙体的布置首先要查看建筑设计总说明，查看图号J-1/14"建筑施工图设计说明"第六项里面的第一点"墙体"，得知：图中未标注厚度的墙体均为200厚蒸压加气混凝土砌块，其余未标注厚度的墙体按平面实际厚度计算，砌体墙采用蒸压加气混凝土砌块，图中所有标注尺寸均不含抹灰厚度。

4.1.1 布置前准备

（1）清理楼层

在三维算量软件中使用"清理楼层"的功能清除本工程中所有楼层的图纸，切换至第1层平面视图，将建筑施工图中的图号J-3/14"一层平面图"复制进来，并且将图纸与主体轴网对齐。

（2）构件显隐

在构件显示对话框中只勾选柱，其他构件可以不用显示，避免影响建模。

4.1.2 布置墙体

（1）定义编号

根据一层平面图可知，首层共有5种墙厚，分别为200mm、240mm、60mm、120mm、100mm。

在屏幕菜单中展开"墙体"，选择"砌体墙"→弹出墙体编号栏，点击右上角"编号"按钮，进入定义编号对话框→修改编号名称为"TCQ200"→修改截宽为200。

按照上述方法分别定义编号：TCQ240、TCQ60、TCQ120、TCQ100，如图4-1所示。

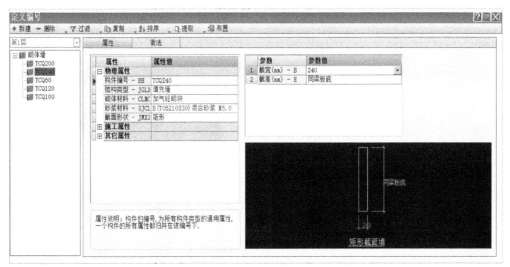

图 4-1

（2）布置墙体

①直线画墙

根据平面布置图上墙体表达的位置及尺寸，在编号栏中选择相应的墙编号，软件默认采用直线画墙的绘制形式，若采用其他的布置方式，可直接在命令栏中输入相应的字母即可，如图 4-2 所示。

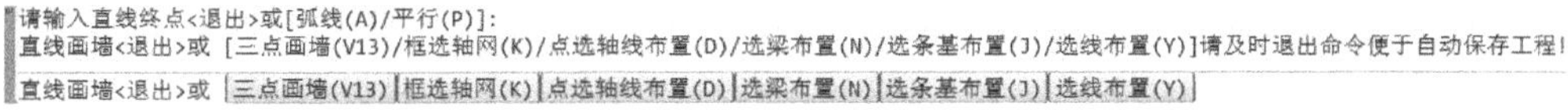

请输入直线终点<退出>或[弧线(A)/平行(P)]:
直线画墙<退出>或 [三点画墙(V13)/框选轴网(K)/点选轴线布置(D)/选梁布置(N)/选条基布置(J)/选线布置(Y)]请及时退出命令便于自动保存工程!
直线画墙<退出>或 | 三点画墙(V13) | 框选轴网(K) | 点选轴线布置(D) | 选梁布置(N) | 选条基布置(J) | 选线布置(Y) |

图 4-2

②定位基线切换

在布置墙体时，若预布置的墙体与 CAD 底图位置对不上，可以按下键盘的"Tab"键切换平面捕捉点。

③墙体覆盖门窗平面图例

在布置墙体时，由于门窗需要依附于墙体布置，因此墙体要覆盖门窗平面图例，如图 4-3 所示。

④调整凸窗板上墙体

手动布置完墙体之后，切换至三维状态，发现 F 轴线处凸窗板与墙体的连接与"⑨～①轴立面图"不一致，如图 4-4 所示，因此需要调整墙体的底高度与顶高度。选择凸窗板上部的墙体，一共 12 道墙体，在右键菜单中选择构件查询，设置底高度为"1200"，由立面图可知，凸窗的高度为 2100mm，如图 4-5 所示，因此在墙体的构件查询状态下设置墙体高度为"2100"。调整好之后凸窗板上的墙体如图4-6所示。

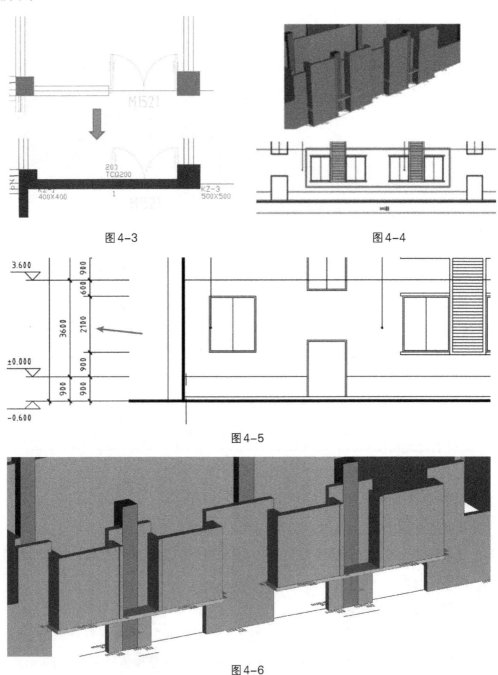

图4-3

图4-4

图4-5

图4-6

⑤调整平台口梁位置下墙体

由于墙体的默认高度为同梁板底，因此当平台口梁与填充墙在统一竖向位置时，墙体的顶部会同平台口梁的底面高，而不会同楼层梁的底面高，如图4-7所示，此时需要调整墙体的高度。构件查询要调整高度的墙体，在"高度"属性栏目后面的"属性和"显示"同梁板底＝3600"，将高度的默认属性值"同梁板底"修改为"3600"，则墙体的顶部与楼层梁梁底平齐，如图4-8所示。

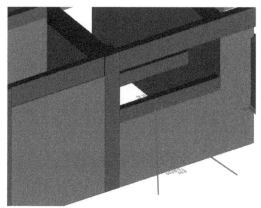 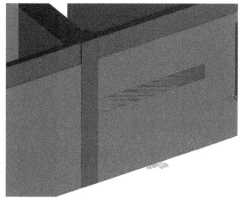

图4-7   图4-8

⑥为B轴线上凸窗添加凸窗板及墙体

通过查看平面图及建筑剖面图可知，B轴线上SGC1221为凸窗，通过参考凸窗大样图，绘制凸窗板。由图纸知，F轴线上的凸窗板节点与B轴线上凸窗板节点一样，因此参考立面图定义凸窗板的高度位置，凸窗板上的墙体高度按立面图设置为2400，调整完成之后如图4-9所示。

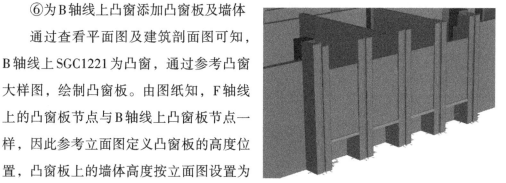

图4-9

4.1.3 识别内外墙

构件查询任意一道墙，可以在"平面位置"属性栏中设置该墙属于外墙或者内墙，若设置为外墙，切换至平面二维线框视图，砌体墙跨号所在的一边为外墙面（显示为红色线），另一侧为内墙面。若想手动翻转内外墙面，则需要选中墙体，拖动跨号上的拖拽点到相反的一侧即可，如图4-10所示。

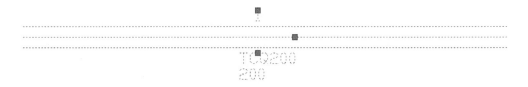

图4-10

若使用手动调整的方式修改每一道墙的平面位置，工作量太大，三维算量提供了自动识别内外墙面的功能。

在布置修改选择栏中选择"识别内外"命令，弹出识别内外对话框，如图4-11所示，选择左下角第一种识别方式（窗选实体识别内外），软件会将识别出的外墙设置为黄颜色，内墙为绿颜色，框选建筑，则软件将会自动识别内外墙，并按照颜色区分，如图4-12所示。对于未能识别出平面位置的墙体，则进行手动的调整。

图4-11

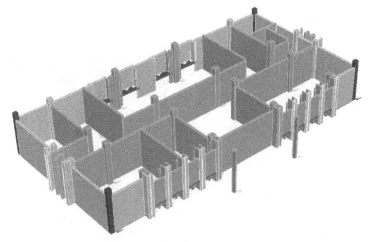

图4-12

由于建筑的室内地坪标高为0，因此设置所有的内墙底高度为600mm。

4.2 首层门窗布置

4.2.1 手动布置门窗

在图号 J-1/14 "建筑施工图设计说明"中复制门窗表到三维算量软件第 1 层平面视图。

（1）手动定义门窗编号

在屏幕菜单中展开"门窗洞"选项，在展开的菜单中选择"门"→屏幕菜单右侧出现门的编号栏，点击右上角"编号"按钮，进入定义编号对话框→软件默认新建编号为"M1"，修改编号为门窗表中第一行的门编号"FM乙1521"→在"物理属性"中修改名称为双开门类型→展开"施工属性"，设置开启方式为"双扇平开门"→门宽为"1500"，门高为"2100"→设置完成之后点击"布置"按钮，进入平面视图，依据 CAD 底图找到编号为"FM乙1521"的门所在的位置，点击放置即可。

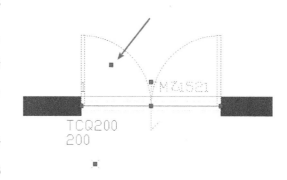

图 4-13

若想调整门的内外开启方向或者左右开启方向，可拖动调节如图 4-13 所示的拖拽点即可。

使用上述方法手动布置首层门，由于首层的室内地坪标高为"0"，因此设置除了 F 轴线上编号为"FM乙1521"的两扇门底标高为"-0.6"，其余所有门的底标高为"0"。

（2）手动定义窗编号

在屏幕菜单中展开"门窗洞"选项，在展开的菜单中选择"窗"→屏幕菜单右侧出现窗的编号栏，点击右上角"编号"按钮，进入定义编号对话框→软件默认新建编号为"C1"，修改编号为"SGC1021"→窗宽为"1000"，窗高为"2100"→设置完成之后点击"布置"按钮，进入平面视图→在导航器中设置"离楼地面高度"为1200，根据"①～⑨轴立面图"可知"SGC1021"的窗台标高为0.6m，如图4-14所示→设置完成之后依据CAD底图找到编号为"SGC1021"的窗所在的位置，点击放置即可。

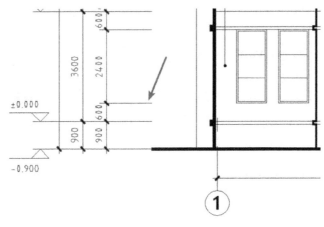

图 4-14

4.2.2 识别门窗表

上一小节为手动定义门窗编号的操作步骤，操作过程简单，但是门窗的数量一旦增多，手动重复的工作量太大，因此可以采用识别门窗表的方式来自动定义门窗编号。

（1）布置前准备

将门窗表拷贝至三维算量软件中第1层楼层平面视图。

（2）识别门窗表

在屏幕中展开"CAD识别"，在展开的菜单中选择"识别门窗表"→命令栏提示选择表格线，框选门窗表，按下鼠标右键→弹出识别门窗表对话框，其中有部分列名为红色，这是因为所提取的表格中，这些列名称无法识别对应到算量软件的列名称，我们可根据实际需要删减不必要的列→选中所有无用的列，在右键菜单中选择"合并这些列"→删除列。

初步调整好之后识别门窗表对话框如图4-15所示，发现存在两个一样的列名——截面尺寸b×h，且识别表中没有编号，因此分别修改列名如图4-16所示。

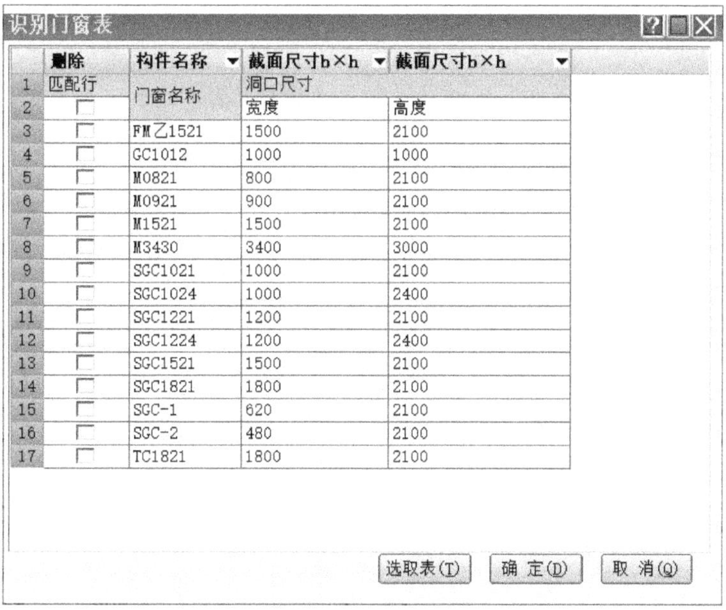

	删除	构件名称	截面尺寸b×h	截面尺寸b×h
1	匹配行	门窗名称	洞口尺寸	
2			宽度	高度
3		FM乙1521	1500	2100
4		GC1012	1000	1000
5		M0821	800	2100
6		M0921	900	2100
7		M1521	1500	2100
8		M3430	3400	3000
9		SGC1021	1000	2100
10		SGC1024	1000	2400
11		SGC1221	1200	2100
12		SGC1224	1200	2400
13		SGC1521	1500	2100
14		SGC1821	1800	2100
15		SGC-1	620	2100
16		SGC-2	480	2100
17		TC1821	1800	2100

图4-15

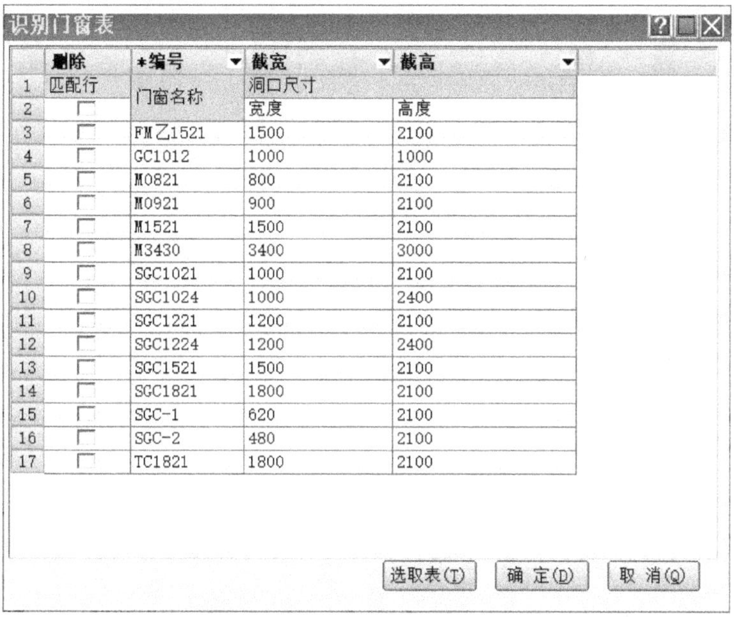

	删除	*编号	截宽	截高
1	匹配行	门窗名称	洞口尺寸	
2			宽度	高度
3		FM乙1521	1500	2100
4		GC1012	1000	1000
5		M0821	800	2100
6		M0921	900	2100
7		M1521	1500	2100
8		M3430	3400	3000
9		SGC1021	1000	2100
10		SGC1024	1000	2400
11		SGC1221	1200	2100
12		SGC1224	1200	2400
13		SGC1521	1500	2100
14		SGC1821	1800	2100
15		SGC-1	620	2100
16		SGC-2	480	2100
17		TC1821	1800	2100

图4-16

设定完成之后点击“确定”按钮。

再次返回至屏幕菜单中的门窗编号列表，发现门窗表中的编号都已经被提取，如图4-17所示，点击“编号”按钮，进入编号定义对话框，查看门窗编号属性值与原始表格一致。

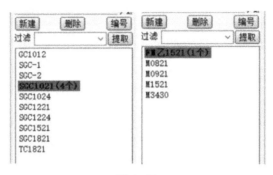

图4-17

（3）属性图示

在布置门窗时，若遇到墙体或者其他构件比较密集的地方时，比如B轴线处凸窗位置，砌体墙的名称相互交错，导致视图显示太乱，如图4-18所示，可以通过"属性图示"功能关闭砌体墙名称的显示。

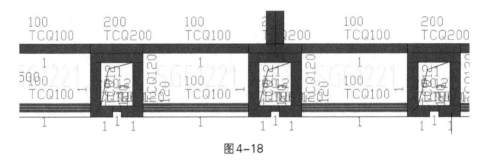

图4-18

选择系统菜单栏中"建模辅助"，在下拉菜单中选择"属性图示"命令，弹出"选取实体类型"对话框，不勾选"砌体墙"，如图4-19所示，点击"确定"按钮，完成设置。

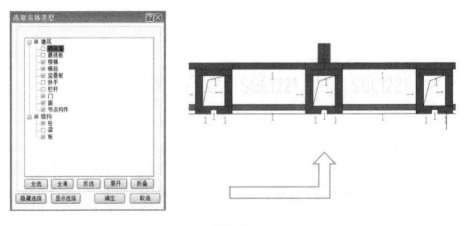

图4-19

使用"属性图示"命令能够使视图显示更加干净整洁，以便其余构件的布置。

4.2.3 带形窗布置

F轴线位置上的飘窗TC1821平面表示如图4-20所示，三维状态下飘窗所在的位置如图4-21所示，使用"带形窗"这种窗类型对TCL1821进行布置。

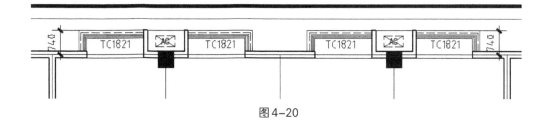

图4-20

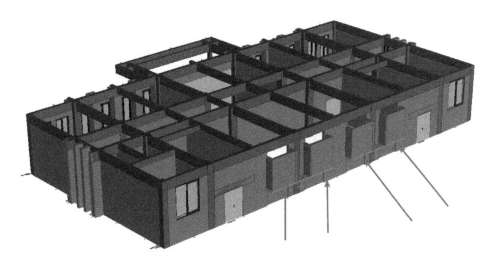

图4-21

由于之前使用识别门窗表的功能将门窗编号进行了识别定义编号，因此在窗的编号列表里能够找到TC1821，双击TC1821编号，进入TC1821窗的定义编号对话框，修改其截面形状的属性值为"带形"，如图4-22所示，并修改窗高为2100→点击"布置"按钮，进入平面视图进行飘窗的布置→首先指定带形窗的起点a，其次指定带形窗的终点b，如图4-23所示→选择带形窗所经过的墙体——反向框选飘窗所在位置的两道墙体→按下鼠标右键，完成带形窗的布置，但是窗的底高度存在问题→修改窗的底标高为0.6m，修改完成之后的窗体模型如图4-24所示。

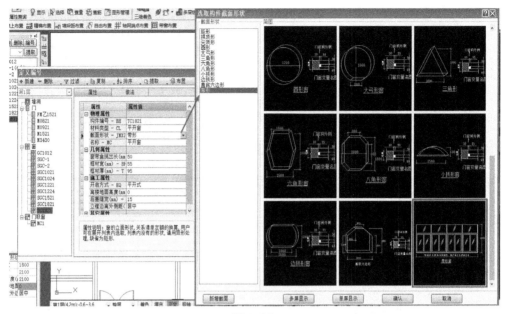

图 4-22

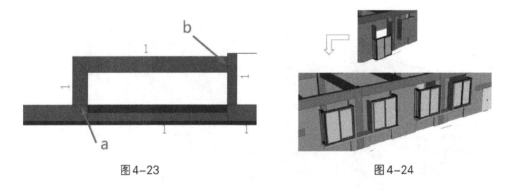

图 4-23

图 4-24

4.3 首层台阶、散水和栏杆的布置

4.3.1 台阶布置

（1）台阶踏步布置

展开屏幕菜单中"其他构件"，在下拉菜单中选择"台阶"，显示台阶构件列表
→点击右上角"编号"按钮，进入定义编号对话框→构件编号按默认设置→设置台

阶踏步宽为300→设置台阶踏步高为150→设置台阶踏步数为6→设置台阶最上部增加宽度为300→其余参数按施工方案要求设置参数，这里可按照默认参数设置→点击"布置"按钮，在平面布置台阶→设置导航器中的参数如图4-25所示→按逆时针的方向分别点取台阶的四个端点，如图4-26所示。

（2）台阶休息平台布置

由一层平面图可知台阶的休息平台板面标高为"0"，此休息平台可以用楼板构件来绘制，布置方式可采用"点选内部生成"，并且设置板面标高为"0"，布置完成之后的台阶如图4-27所示。

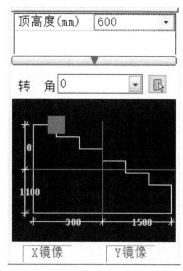

图4-25

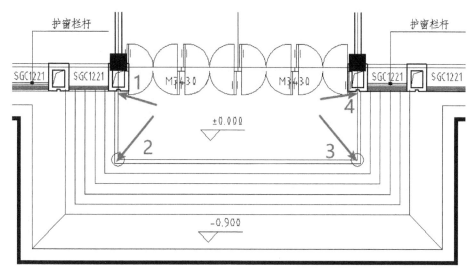

图4-26

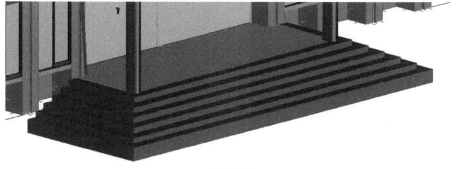

图4-27

4.3.2 散水布置

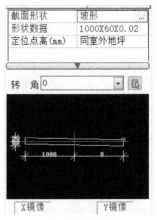

图4-28

展开屏幕菜单中"其他构件",在下拉菜单中选择"散水",显示散水构件列表→点击右上角"编号"按钮,进入定义编号对话框→构件编号按默认设置→设置散水宽度为1000→设置坡度值为0.02→点击"布置"按钮,进入平面视图布置散水,设置导航器如图4-28所示→按照一层平面图中散水的平面表达位置绘制散水构件,散水布置完成之后如图4-29所示。

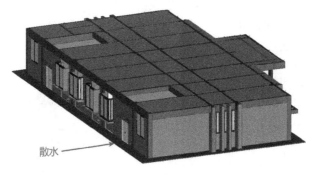

散水

图4-29

4.3.3 护窗栏杆布置

首层护窗栏杆的所在位置为B轴线凸窗处,由图号J-14/14"厨、卫大样,构造详图"可知,护窗栏杆的高度为450mm,如图4-30所示。

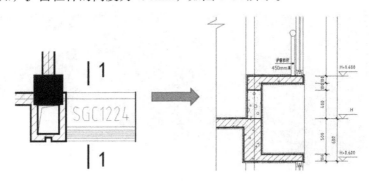

图4-30

展开屏幕菜单"其他构件",在展开的菜单中选择"栏杆"→进入定义编号对话框,修改构件编号为"护窗栏杆"→设置栏杆高为450→点击"布置",关闭编号管理器,进入平面视图参照CAD底图中栏杆的位置进行布置→在导航器中设置栏杆的底高度为1200,按照手动布置的方式布置一处凸窗位置的栏杆,如图4-31所示→在"其他构件"的展开菜单中选择"扶手"→在扶手的编号管理对话框中修改扶手的截面形状为"圆形",其余按默认设置→点击"布置",关闭编号管理器,进入平面或者三维视图→在布置修改选择栏中选择"选构件布置"命令→选择栏杆→按下鼠标右键,完成扶手的布置,如图4-32所示。

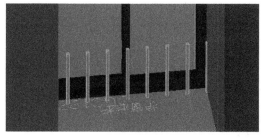

图4-31

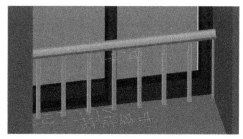

图4-32

首层其余凸窗处的护窗栏杆,可复制已布置好的栏杆扶手。

4.4 其余楼层砌体墙、门窗、栏杆及屋顶层布置

4.4.1 砌体墙、门窗、栏杆布置

由于在首层已经定义了砌体墙、门、窗及护窗栏杆的编号,因此,在布置其余楼层相同编号的构件时不需要再重新定义。分别切换至对应构件的编号列表,进入定义编号对话框,使用"复制编号"功能将首层的砌体墙编号、门编号、窗编号及护窗栏杆编号拷贝至第2至5层,例如图4-33所示,将首层所有的门窗编号复制到第2至5层。

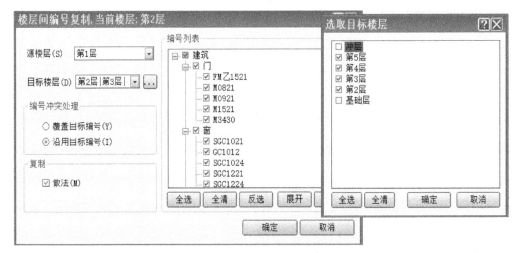

图 4-33

（1）复制标准构件

由各楼层的平面图可知，B轴线有许多凸窗，并且每个凸窗的尺寸及底高度位置一致，因此在布置这部分构件时，可以布置一个完成的凸窗，然后同时选择与凸窗相关联的墙体，指定基点，参考平面图布置其余位置的凸窗及墙体。

以第2层B轴线位置凸窗为例，凸窗板、窗户及相关构件的属性定义如右图4-34和图4-35所示，将该标准组合构件选中，拷贝至其余平面位置，如图4-36所示。

（2）使拷贝楼层——选取图形

完成二层的墙、门窗及栏杆布置之后，由于第2至5层的

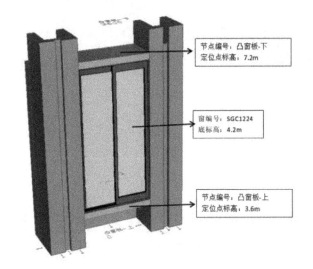

图 4-34

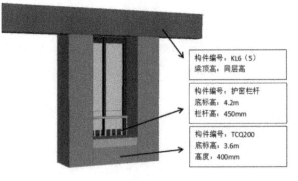

图 4-35

楼层高度一致，查看各楼层平面布置图可知，第2层、第3层和第4层的外墙、窗户、凸窗一致，因此可以在第2层将已布置好的图形构件拷贝至第3层和第4层。

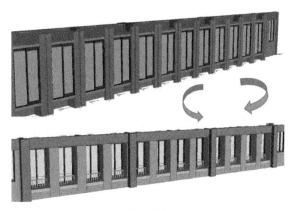

图4-36

在之前的章节内容中，介绍了"拷贝楼层"的应用，使用的方法是勾选构件编号，将其拷贝至想要的楼层，这里要讲解的是"楼层复制"对话框下方"选取图形"功能。选择该命令后，进入选取图形状态→选取二层的外墙、窗、栏杆扶手，如图4-37所示，选取图形的时候关闭柱、梁及板体，避免误选→按下鼠标右键，弹出"楼层复制"对话框，此时对话框中"选择构件类型"一栏的构件无法选择→在"目标楼层"选择想要拷贝的楼层，即第3层和第4层→点击"确定"按钮，完成构件拷贝。

对于建筑内墙及建筑内部门窗，若有楼层一致或相似，亦可使用此命令进行布置，可以大大减少重复建模的时间。

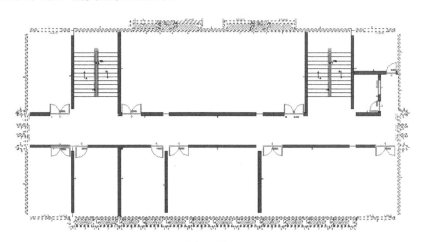

图4-37

布置完成第1至5层的砌体墙、门窗和护窗栏杆之后，使用"多层组合"命令显示模型的三维组合效果如图4-38所示。

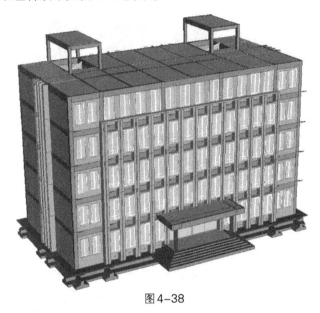

图4-38

4.4.2 屋顶层布置

（1）楼梯间布置

将"屋顶层平面图"粘贴至三维算量软件中冲层平面视图，并将图纸与主体轴网对齐。按照平面图所示绘制楼梯间的外墙及门窗，查看图号J-12/14"Ⅰ～Ⅰ剖面图"，获知屋顶层窗SGC1521的窗底高度为0，如图4-39所示，因此布置窗时在导航器中设置窗的底高为同层底。

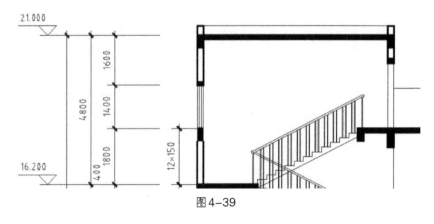

图4-39

楼梯间墙体布置完成之后，使用"识别内外"功能，设置墙体的平面位置属性。

（2）女儿墙布置

查看图号J-13/14"楼梯及节点大样图"中2号节点"女儿墙及其泛水大样"，获知加上压顶的厚度，女儿墙的高度为1300mm。

在砌体墙的构件列表中新建编号为"女儿墙"，且厚度为200mm的墙体，进入布置墙体状态后，在导航器中设置其高度为1300mm，然后沿着女儿墙的平面位置进行布置。由于女儿墙的墙中心线位置有轴线，且长度刚好与女儿墙契合，因此可以采用墙体"智能布置"展开项中的"选线布置"命令，如图4-40所示。

图4-40

选择命令后，选取要生成女儿墙的线，再按下鼠标右键，即可执行命令。屋顶层布置完成如图4-41所示。

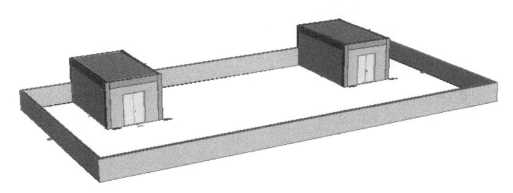

图4-41

4.5 二次结构构件布置

4.5.1 圈梁自动布置

查看图号 G-2/22"结构设计说明（二）"，第八项砌体工程中第 1 点"填充墙"，获知：墙高超过 4 米时，应在墙体半高处（一般结合门窗洞口上方过梁位置）设置与柱连接且沿墙全长贯通的钢筋混凝土水平系梁（圈梁），梁截面为墙宽 b×120，配纵筋 2B12，箍筋 A6@200。

展开屏幕菜单中"梁体"，在展开菜单中选择"圈梁"，新建编号为 QL1，截面尺寸为同墙宽×120→在布置修改选择栏中选择"自动布置"命令，弹出自动布置圈梁设置对话框，如图 4-42 所示→在生成规则中勾选"墙高超过 4m 时，墙半高处布置圈梁"，并点击下方"添加规则"按钮→在圈梁自动生成规则中设置墙厚小于等于 300，选择圈梁编号为 QL1，设置圈梁主筋为 2B12，箍筋为 A6@200→点击对话

图 4-42

框左下角"楼层"后面的按钮，选择要自动布置圈梁的楼层，这里勾选1至冲层→设置好自动布置圈梁的参数后如图4-43所示→点击右下角"自动布置"按钮，软件将自动根据所设置的条件布置圈梁，并且生成钢筋。

由于本建筑的层高都小于4m，因此不需要布置圈梁。

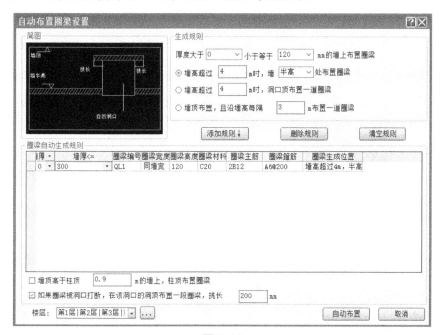

图 4-43

4.5.2 构造柱自动布置

查看图号G-2/22"结构设计说明（二）"，第八项砌体工程中第2点"填充墙构造柱"，获知：构造柱截面均为200×200，纵筋4B12，箍筋A8@100/200，在上下楼层梁相应位置各预留4B12与构造柱纵筋连接。构造柱与填充墙交接处，应设墙体拉筋。

构造柱的设置原则为：

a. 当墙长大于6m时，应在墙中设置构造柱，构造柱间距不大于2倍墙高；

b. 无支座墙长度大于0.6m，应在墙端设置构造柱；

c. 洞口宽度大于2.1m时，应在洞口两侧设置构造柱；

d. 在内外墙交接处和外墙转折处应设置构造柱，构造柱间距不大于2倍墙高。

　　展开屏幕菜单中"柱体"，在展开菜单中选择"构造柱"，新建编号为GZ1，截面尺寸为200×200→在布置修改选择栏中选择"自动布置"命令，弹出自动布置参数设置对话框，如图4-44所示→点击"新建规则"按钮，按图纸要求设置构造柱大小规则及钢筋信息→生成规则按照构造柱的设置原则勾选对应的选项→点击对话框左下角"楼层"后面的按钮，选择要自动布置构造柱的楼层，这里勾选1至冲层→设置好自动布置构造柱的参数后如图4-45所示→点击右下角"自动布置"按钮，软件将自动根据所设置的条件布置构造柱，并且生成钢筋。

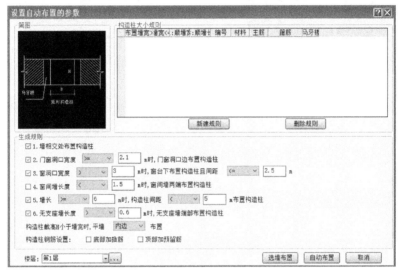

图4-44

图4-45

自动布置完成之后注意检查是否所有楼层均已布置构造柱，且构造柱位置布置正确，若位置错误，可手动进行修改。

4.5.3 过梁自动布置

查看图号G-2/22"结构设计说明（二）"，第八项砌体工程中第3点"门窗过梁"，获知：填充墙门窗洞口上部均设置钢筋混凝土预制或现浇过梁，过梁生成规则按照"结构附图"中的过梁表，如表4-1所示，门窗洞顶过梁构造如图4-46所示，L₀为洞口宽度，b×h为过梁截面尺寸，a为过梁单挑长度，编号①②③分别代表过梁的底筋、面筋和箍筋。

表4-1

L₀ （mm）	b×h （mm）	a （mm）	①	②	③
1000	200×120	250	2Φ12	2φ8	φ6@200
1200	200×120	250	2Φ12	2φ8	φ6@200
1500	200×120	250	2Φ12	2φ8	φ6@200
1800	200×120	250	2Φ12	2φ8	φ6@200
2100	200×180	250	2Φ14	2Φ12	φ6@200
2400	200×180	250	2Φ14	2Φ12	φ6@200
2700	200×180	250	2Φ14	2Φ12	φ6@200
3000	200×240	250	2Φ16	2Φ12	φ6@200
3300	200×240	250	2Φ16	2Φ12	φ6@200
3600	200×300	250	3Φ16	2Φ12	φ6@200

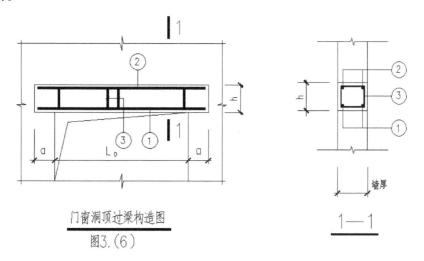

门窗洞顶过梁构造图

图3.（6）

图4-46

将过梁表拷贝至三维算量软件平面视图，使用"钢筋描述转换"功能识别转换钢筋符号→展开屏幕菜单中"梁体"，在展开菜单中选择"过梁"，新建编号为GL1

至GL10，如图4-47所示，截面尺寸按照过梁表中过梁截面→在布置修改选择栏中选择"自动布置"命令，弹出过梁表对话框，如图4-48所示→点击下方"识别过梁表"按钮→框选过梁表，按下鼠标右键确认提取→此时提取过来的过梁表与软件默认过梁表格式不同，导致过梁表混乱，如图4-49所示→点击左下角"列转表头"按钮，则识别的过梁表与原过梁表格式一致，但是三维算量软件未能识别列名，需要自己手动添加列名称及修改梁高，并且不勾选"匹配行"一列（若勾选意味着删除此行）→列名称选择好之后，需

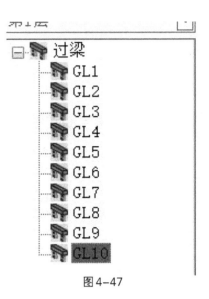

图4-47

要手动添加一列，选中任意一列的列名，右键菜单中选择"添加列"→设置添加的列名称为"编号"→在编号一列中一次输入过梁编号GL1至GL10，设置完成之后如图4-50所示→点击"确定"按钮，返回过梁表设置对话框，由于原过梁表的格式不符合识别格式要求，因此关于洞口宽度的需要重新设置→设置完成之后选择布置楼层为所有楼层，如图4-51所示→点击"布置过梁"按钮。

过梁表

编号	材料	墙厚>	墙厚<=	洞宽>	洞宽<=	过梁高	单挑长度	上部钢筋	底部钢筋	箍筋

楼层：第1层　▼　...　　识别过梁表　保存　导入定义　定义编号　导入　导出　布置过梁　钢筋布置

图4-48

识别过梁表

删		▼	▼	▼	▼	▼	▼	▼	▼	▼	▼
1	匹配行	L0(MM)	1000	1200	1500	1800	2100	2400	2700	3000	3300	3600
2	□	BXH(MM)	200X120	200X120	200X120	200X120	200X180	200X180	200X180	200X240	200X240	200X300
3	□	A(MM)	250	250	250	250	250	250	250	250	250	250
4	□	1	2B12	2B12	2B12	2B12	2B14	2B14	2B14	2B16	2B16	3B16
5	□	2	2A8	2A8	2A8	2A8	2B12	2B12	2B12	2B12	2B12	2B12
6	□	3	A6@200	A6@200	A6@200	A6@200	A6@200	A6@200	A6@200	A6@200	A6@200	A6@200

列转表头　设置(Y)　导入xls(V)　导出xls(R)　　　　选取表(T)　确定(D)　取消(Q)

图4-49

识别过梁表

	删除	墙宽 ▼	梁高 ▼	支座长B ▼	底筋 ▼	面筋 ▼	箍筋 ▼	*编号 ▼
1	匹配行	L0(MM)	BXH(MM)	A(MM)	1	2	3	
2	□	1000	120	250	2B12	2A8	A6@200	GL1
3	□	1200	120	250	2B12	2A8	A6@200	GL2
4	□	1500	120	250	2B12	2A8	A6@200	GL3
5	□	1800	120	250	2B12	2A8	A6@200	GL4
6	□	2100	180	250	2B14	2B12	A6@200	GL5
7	□	2400	180	250	2B14	2B12	A6@200	GL6
8	□	2700	180	250	2B14	2B12	A6@200	GL7
9	□	3000	240	250	2B16	2B12	A6@200	GL8
10	□	3300	240	250	2B16	2B12	A6@200	GL9
11	□	3600	300	250	3B16	2B12	A6@200	GL10

xls(B)   选取表(T)   确 定(D)   取 消(Q)

图4-50

过梁表

编号	材料	墙厚>	墙厚<=	洞宽>	洞宽<=	过梁高	单挑长度	上部钢筋	底部钢筋	箍筋
GL1	C20	1000	1000	0	1000	120	250	2A8	2B12	A6@200
GL2	C20	1200	1000	1000	1200	120	250	2A8	2B12	A6@200
GL3	C20	1500	1000	1200	1500	120	250	2A8	2B12	A6@200
GL4	C20	1800	1000	1500	1800	120	250	2A8	2B12	A6@200
GL5	C20	2100	1000	1800	2100	180	250	2B12	2B14	A6@200
GL6	C20	2400	1000	2100	2400	180	250	2B12	2B14	A6@200
GL7	C20	2700	1000	2400	2700	180	250	2B12	2B14	A6@200
GL8	C20	3000	1000	2700	3000	240	250	2B12	2B16	A6@200
GL9	C20	3300	1000	3000	3300	240	250	2B12	2B16	A6@200
GL10	C20	3600	1000	3300	3600	300	250	2B12	3B16	A6@200

楼层：第1层|第2层|第3层 ▼ ...   识别过梁表 保存 导入定义 定义编号 导入 导出 布置过梁 钢筋布置

图4-51

4.5.4 压顶智能布置

（1）窗台压顶自动布置

查看图号 G-2/22 "结构设计说明（二）"，第八项砌体工程中第4点 "其他构造"，获知：当窗宽 b≥1.5m 时，应在其下口一皮砖处设 2A8 钢筋，钢筋伸入墙内＞500。当窗洞宽≥2.0m 时，窗台配墙宽×60钢筋混凝土带，主筋 3A8，分布筋 A6@200 伸入洞口两边各 500。

展开屏幕菜单中 "其他构件"，在展开菜单中选择 "压顶"，新建编号为窗台压顶，截面尺寸为同墙宽×60→在布置修改选择栏中选择 "自动布置" 命令，弹出自动布置压顶对话框，如图 4-52 所示→点击 "增加" 按钮，新建自动生成规则→按照说明要求设置压顶生成规则，并选择全楼层布置，如图4-53所示→点击"自动布置"按钮。

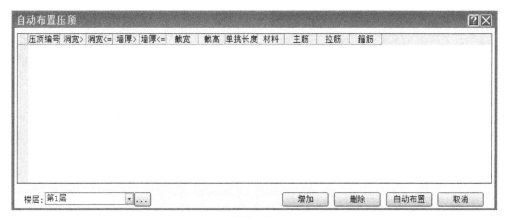

图4-52

图4-53

（2）女儿墙压顶布置

查看图号J-13/14"楼梯及节点大样图"中2号节点，如图4-54所示，获知压顶截面为200×100，纵筋为3A6，拉筋为A6@200。

在三维算量软件中切换至冲层，新建压顶编号为"女儿墙压顶"，设置截高为100→在布置修改选择栏中选择压顶布置方式为"选墙布置"→在导航器中设置顶高度为同墙顶，基点为中心线位置，如图4-55所示→选择女儿墙后，按下鼠标右键，完成压顶布置。

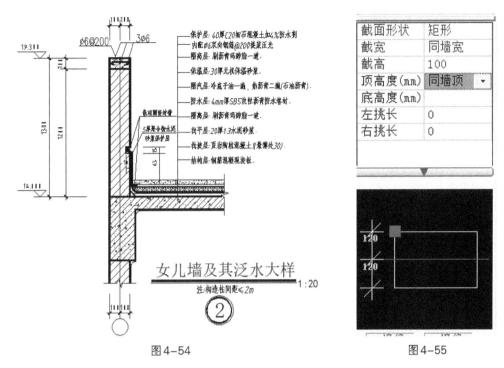

图4-54

图4-55

选择"钢筋布置"命令→选择任意一道女儿墙压顶→按照图纸说明要求设置压顶钢筋主筋为3A6，设置压顶宽向拉筋为A6@200→布置完成后退出编号配筋对话框。

4.5.5 砌体墙拉结筋

查看图号G-2/22"结构设计说明（二）"，第八项砌体工程中第1点"填充墙"，获知：凡与填充墙连接的柱（含构造柱），沿高度在柱中预留2∅6@600的拉接筋。

在快捷菜单中选择"自动钢筋"命令，弹出自动钢筋布置对话框，如图4-56所示，选择"3.砌体墙拉结筋"按钮→选择布置楼层为所有楼层，设置拉结筋为A6@600，如图4-57所示→点击"布置"按钮。

图4-56

图4-57

4.6 装饰布置

建筑装修做法查看建筑设计说明第六项"建筑装修"。

4.6.1 楼地面布置

（1）地面布置

由装修做法可知，首层地面为水磨石地面，卫生间为防滑地砖地面。

展开屏幕菜单中"装饰"，在展开的菜单中选择"地面"→分别新建"水磨石地面"和"防滑地砖地面"两个编号→设置类型属性为"地面"，装饰材料类别为"块料面"→设置"防滑地砖地面"编号类型属性为"地面"，装饰材料类别为"块料面"，输出防水工程量，设置装饰材质为"地砖"→设置"水磨石地面"编号类型属性为"地面"，装饰材料类别为"块料面"，装饰材质为"水磨石板"→编号定义完成如图4-58所示，点击"布置"按钮，进入首层平面视图进行布置。

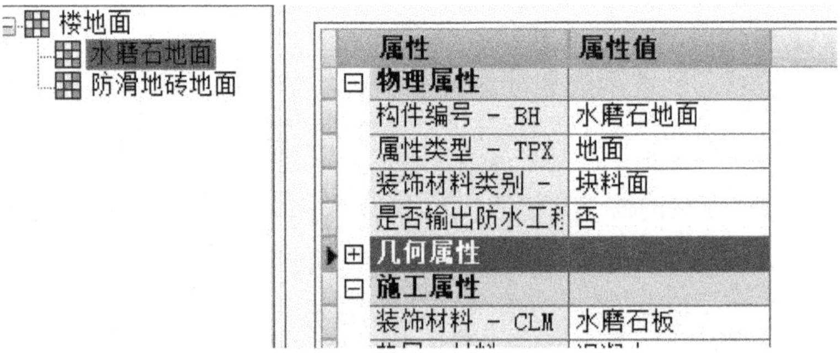

属性	属性值
□ **物理属性**	
构件编号 - BH	水磨石地面
属性类型 - TPX	地面
装饰材料类别 -	块料面
是否输出防水工程	否
▶ □ **几何属性**	
□ **施工属性**	
装饰材料 - CLM	水磨石板

图4-58

选择水磨石地面，在布置修改选择栏中选择"智能布置"下拉菜单中的"点选内部生成"功能→在导航器中设置面高度为60（由于首层底标高为-0.6m，首层的建筑完成面高为0m，因此地面需要向上偏移600mm）→在显示柱子和墙体的状态下，将光标移至办公室房间，点击鼠标左键，即可以墙柱的内边线为边界布置地面。

使用相同的操作方式在卫生间布置防滑地砖地面，按照设计说明要求设置卫生间防滑地砖地面低于相应楼面标高0.06m，首层地面布置完成之后如图4-59所示。

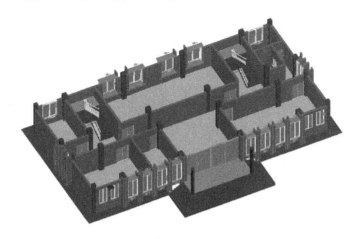

图4-59

（2）楼面布置

由建筑装修做法可知，楼面的做法编号同地面，因此可以使用"复制编号"命令将水磨石地面和防滑地砖地面两个编号复制到其余楼层，在布置构件之前进入定义编号界面，设置两个编号的属性类型为楼面，如图4-60所示。

图4-60

在布置楼面的时候需要注意的是，楼梯间不需要布置楼地面。

4.6.2 墙面布置

（1）外墙面布置

由建筑施工图设计说明可知，本工程的外墙面为面砖饰面。

切换至首层平面视图，展开屏幕菜单中"装饰"，展开菜单中选择"墙面"→新建墙面编号名称为"外墙面"，设置装饰材料类别为块料面，设置内外面描述为外墙面→设置装饰面高为同层高，装饰面起点高为同墙底→点击"布置"，在布置修改选择栏中选择"智能布置"下的"实体外围"布置功能，如图4-61所示→指定四点，形成一个包围主体建筑的封闭轮廓→自动生成外墙面，选中外墙面，在右键菜单中选择"核对构件"命令，可查看外墙面扣减完相关构件之后的三维图形及公式，如图4-62所示。

由于其余楼层的外墙面编号同首层，亦可通过"复制编号"命令，复制外墙面编号至其余楼层进行布置。

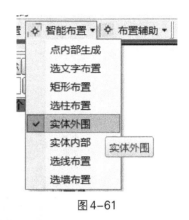

图4-61

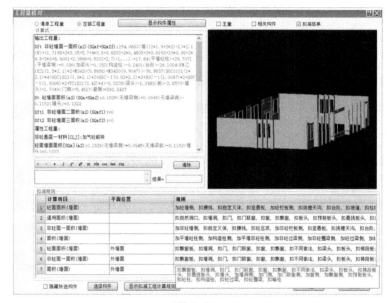

图4-62

（2）内墙面布置

新建墙面编号名称为"内墙面"，设置装饰材料类别为抹灰面，设置内外面描述为内墙面→按照设计说明要求，设置装饰面高为同层高，装饰面起点高为"同墙底＋1200"→在布置修改选择栏中选择"智能布置"下的"点选内部生成"布置功能，如图4-63所示→点击房间内部，自动生成内墙面。

图4-63

首层平面视图下，展开屏幕菜单"装饰"，选择"墙裙"，新建编号名称为"墙裙"→按照设计说明要求，设置装饰面高为1200，装饰面起点高度为"同层底＋600"，如图4-64所示。

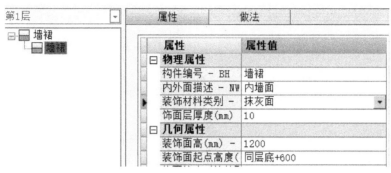

图4-64

首层墙裙及内墙面布置完成之后如图4-65所示，使用相同方法布置其余楼层的内墙面及墙裙。

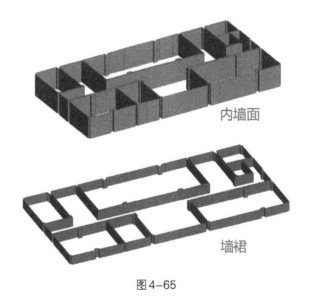

图4-65

4.6.3 天棚布置

新建天棚编号名称为"顶棚"→设置做法描述为抹灰面，装饰材料为水泥砂浆→使用"点选内部生成"命令，在房间内部点选生成天棚→选中所有的天棚，右键菜单中选择核对构件，如图4-66所示，之前在平面布置时通过点选内部生成的方式绘制了天棚,通过核对构件可知,天棚依附于楼板生成,由于楼梯间没有楼板,因此不会生成天棚。

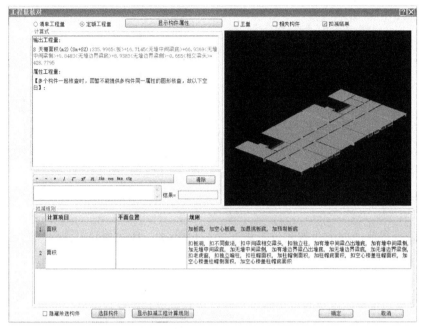

图4-66

使用相同的操作方法,布置其余楼层的天棚。

4.6.4 屋面布置

由屋顶层平面图可知,屋面分为上人屋面和非上人屋面。

(1)上人屋面

切换至第5层,新建屋面编号名称为"上人屋面",由于第5层的楼面即为屋面,因此选择"上人屋面"→在布置修改选择栏中,选择"选板布置"方式→框选冲层楼板,再按下鼠标右键,确认布置屋面。

(2)非上人屋面

切换至冲层,当前层显示楼梯间,新建屋面编号名称为"非上人屋面",同样使用选板布置屋面,选择两块楼面布置即可。

第5章

工程量汇总计算及计价

5.1 挂接做法

三维算量软件支持输出实物工程量、清单工程量和定额工程量，由于本工程使用清单计价法，因此工程量的输出类型为清单工程量，需要为相关工程量挂接做法。

在三维算量软件中，常用的做法挂接方式有：①在编号管理器中挂接做法；②在构件查询对话框中挂接做法；③在实物量汇总条目上挂接做法。

下面依次对几种挂接做法的方式进行讲解。

5.1.1 编号管理器中挂接做法

（1）挂接清单

以挂接柱子的做法为例，打开柱子构件编号管理器，切换至"做法"，如图5-1所示。

已知 KZ-1 是截面为矩形的柱子，因此在对话框右侧"清单指引"下选择"010502 现浇混凝土柱——010502001 矩形柱"清单条目，此项清单对应矩形柱的体积，即矩形柱的混凝土工程量。

除了为柱子挂接混凝土工程的清单之外，还要挂接措施项目清单。在"清单指引"下选择"011702 混凝土模板及支架（撑）——011702002 矩形柱"清单条目。两条清单项目挂接完成之后如图5-2所示。

选中编号 KZ-1，选择"010502001 矩形柱"清单项，可查看该项清单的项目特征为"1. 混凝土强度等级；2. 混凝土种类"，符合《房屋建筑与装饰工程工程量计算规范》（GB 50854—2013）附录 E（混凝土及钢筋混凝土工程）中对项目特征描述的规定，因此可不对项目特征进行修改，按照默认设置即可。

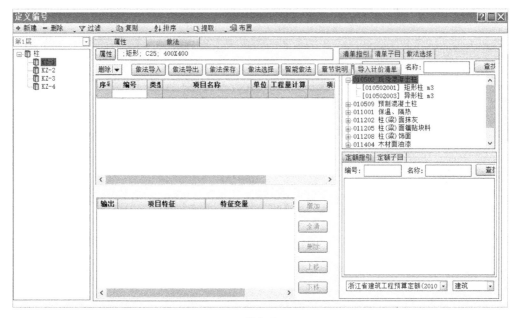

图 5-1

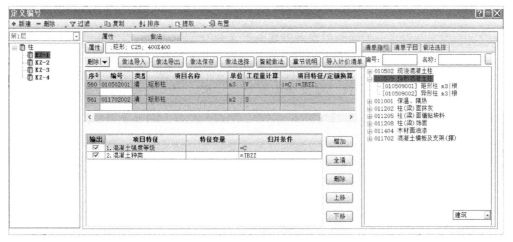

图 5-2

（2）做法导出

由于项目中矩形柱数量较多，若对每个楼层的每个编号做法挂接，手动操作量巨大，因此可以使用"做法导出"的功能将一个构件的做法赋予项目中相同做法的构件，能够减少手工操作量。

点击"做法导出"按钮，弹出编号选择对话框→选择右下角"全部展开"按钮，展开编号树→勾选截面为矩形的柱子编号，不勾选编号"KZ-4"，如图 5-3 所示→点击下方"复制并关闭"按钮，弹出对话框，选择"否"。

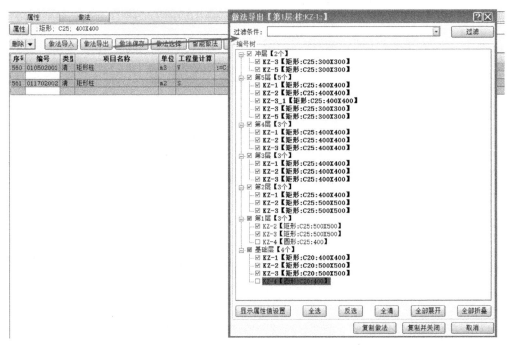

图 5-3

由于 KZ-4 的截面为圆形，因此要挂接清单"010502 现浇混凝土柱——010502003 异形柱"和"011702 混凝土模板及支架（撑）——011702004 异形柱"，如图 5-4 所示→首层的圆形柱子做法挂接完成之后使用"做法导出"功能赋予基础层 KZ-4 相同的做法。

图 5-4

（3）做法导入

若目标构件编号没有挂接做法，可以使用此功能从已经挂接了做法的构件复制做法，如图 5-5 所示，选取已挂做法、相同属性类型的构件编号即可。

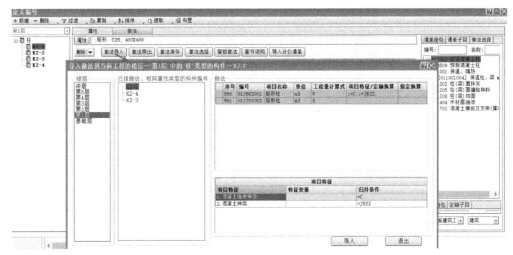

图5-5

做法挂接完成之后，执行快捷菜单中的"汇总计算"命令，弹出构件选择对话框，如图5-6所示→选择想要汇总计算的构件，点击"确定"按钮→软件执行工程量计算之后进入工程量分析统计界面，如图5-7所示，若在实物工程量下仍有汇总条目，说明仍有构件未挂接做法→切换至"清单工程量"，则显示挂接了清单的汇总条目，点击上方"查看报表"，则进入报表打印界面，如图5-8所示，可导出分部分项工程量清单表。

图5-6

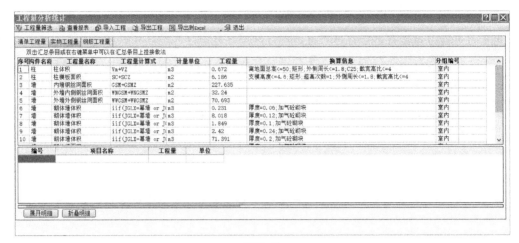

图 5-7

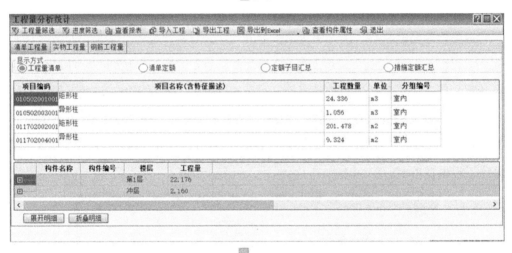

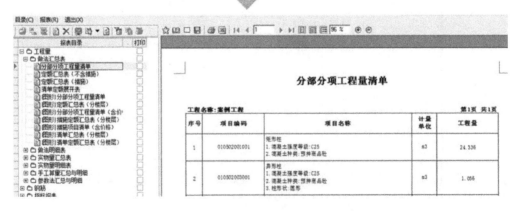

图 5-8

5.1.2 针对构件图元挂接做法

选择快捷菜单中"辨色"功能，弹出"构件分类辨色"对话框，选择"做法"，如图5-9所示，点击"确定"按钮，则软件识别挂接了做法的构件显示为"辨色254"颜色，未挂接的构件显示颜色为红色，如图5-10所示，右侧为挂接了做法的KZ-1柱子，显示为灰色，左侧和中间位置的两根柱子是未挂接做法的KZ-5柱子，显示为红色。

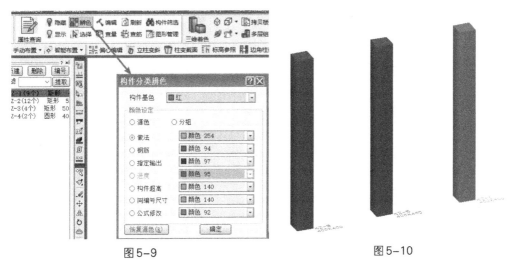

图5-9   图5-10

由于显示为红色的两根柱子编号相同，在编号管理器中挂接做法，则会将两根柱子同时赋予做法，若想只为中间的KZ-5柱子赋予做法而不为左侧的KZ-5柱子赋予做法，则第一种挂接做法的方式行不通，此时可使用在构件查询对话框中实现此目的。

构件查询中间的柱子→在构件查询对话框中切换至"做法"，如图5-11所示，挂接做法的操作方式同上→点击"确定"按钮退出，则该柱子颜色自动变为灰色，左侧的柱子颜色仍不变。

由此可知，这种挂接做法的方式只对当前选中的构件有效，对其余未选中的相同编号的构件无效。

图 5-11

5.1.3 基于实物量汇总挂接做法

基于图5-7所示情况，使用第一种挂接做法后仍有构件遗漏，可在汇总计算后在实物工程量中体现，若返回构件编号管理器中对遗漏构件进行做法挂接，构件的寻找也将会花费一定时间，因此可以直接基于实物工程量汇总条目挂接做法。

双击序号1的汇总条目，弹出清单定额选择对话框，如图5-12所示→切换至"清单指引"，双击选择与实物量内容相符的清单项，则能够为所选中的实物量汇总条目挂接上清单项，如图5-13所示。

使用此种方法挂接完清单之后，要重新进行汇总计算，才能够得出分部分项工程量清单表。

图 5-12

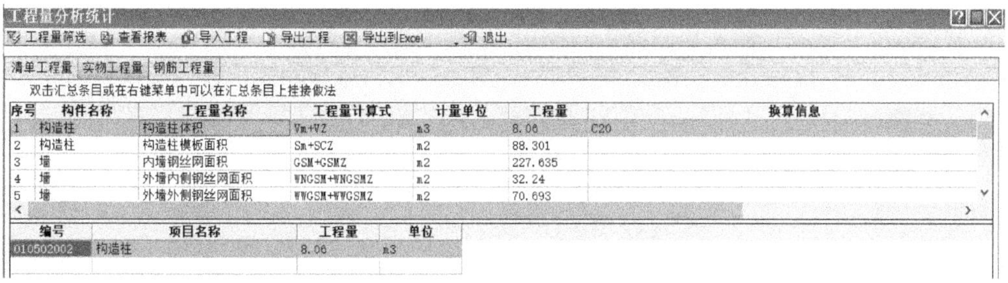

图 5-13

5.1.4 工程量输出设置

在基于实物量汇总条目进行做法挂接时，往往会发现许多汇总条目的工程量并不需要输出，例如图5-14所示，台阶的汇总条目数量有6条之多，但是项目中只有一个台阶模型，并且在求台阶的清单工程量时只需要求得它的水平投影面积和措施项目工程量即可，因此我们可以对台阶的工程量输出进行设置。

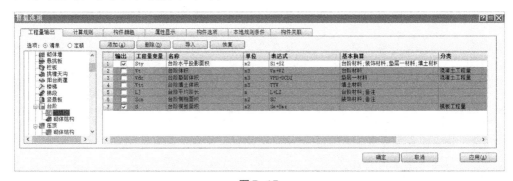

图 5-14

在快捷菜单中选择"算量设置",弹出算量选项对话框,选择"台阶"展开项中的"砼结构",如图5-15所示→在清单模式下,右侧工程量输出选项中只勾选"台阶水平投影面积"和"台阶模板面积"即可→点击"确定"按钮,重新对台阶进行汇总计算→汇总计算完成之后可见台阶的实物工程量为模板和水平投影面积,双击对应的汇总条目挂接清单即可。

图 5-15

5.2 工程计价

通过前面章节的学习,我们已经完成了:模型的建立、清单工程量的统计,最后要做的是为工程量清单挂接定额,这里要用到的是另外一款软件,叫作斯维尔清单计价软件。虽然在三维算量for CAD软件中能够直接在清单项下挂接定额,但是无法对定额进行换算,因此将挂接定额的过程在清单计价软件中进行。

5.2.1 算量文件组成

打开三维算量for CAD软件所创建的算量模型的保存文件夹，按文件类型进行排序，如图5-16所示，各个格式的文件分别为：

".dwg"为图形文件格式；

".bak"为图形备份文件，可删除该类型的文件，对模型数据无影响；

".db"和".3DA"为数据文件；

".jgk"为算量文件。

若想要拷贝或者移动模型时，不能只针对其中某一个文件，而是要对整个文件夹进行复制或者移动，因为每个文件之间的数据是相互关联的，若移走或删除其中一个文件（除了备份文件），模型数据将会丢失。

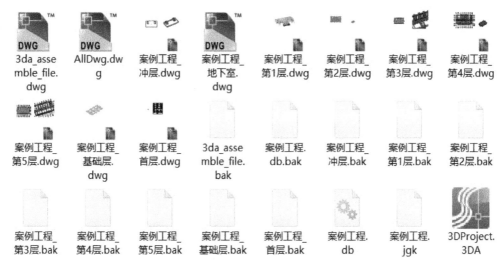

图5-16

其中，".jgk"格式文件是将算量数据导入清单计价软件所必需的文件。

5.2.2 新建预算书

打开斯维尔清单计价软件，弹出新建向导对话框，点击"导入算量文件"，载入模型文件夹中的".jgk"格式文件，如图5-17所示→选择最新的定额标准、清单及取费文件→点击"确定"按钮→提示将预算文件指定路径保存→文件保存好之后进入清单计价软件界面，如图5-18所示。

图5-17

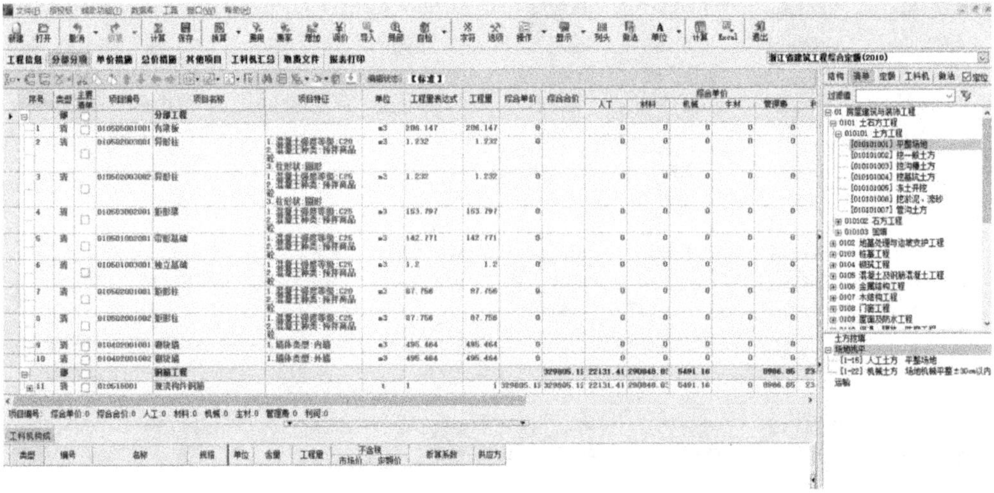

图5-18

由于导入的文件是算量文件，计价软件会自动读取钢筋工程量信息，并且自动将措施项目与分部分项工程分类放置。在"分部分项"选项下可查看分部分项工程量清单及计价表，切换至"单价措施"项目下可查看措施项目清单及计价表。

切换至"取费文件"，在该界面调整工程的相关费率。

切换至"工料机汇总"，在该界面下调整项目的信息价，可通过右键菜单导入最新市场价格。

5.2.3 挂接定额及报表查看

（1）挂接定额

切换至"分部分项"，双击序号为1的清单条目"010505001001有梁板"，右侧会自动指引到相关的清单定额项目，上半部分为清单，下半部分为定额，如图5-19所示→双击选定的定额项"4-14现浇现拌混凝土建筑物混凝土板"，软件自动弹出定额换算对话框，如图5-20所示，勾选智能换算内容为"采用商品混凝土泵送"，主材换算为"现浇现拌混凝土C25（16）"，其余参数按需设置→点击"确定"按钮，选定的清单下生成了定额子目，并且自动生成了相关费用，如图5-21所示。

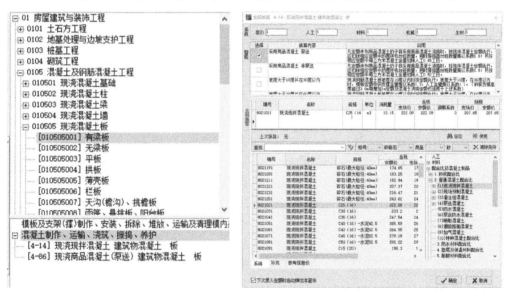

图5-19　　　　　　　　　　　　　　　　图5-20

图5-21

措施项目清单下的定额子目挂接方式同上。

（2）查看报表

当挂接完所有清单下的定额之后，可点击快捷菜单栏中的"计算"，可得出工程的总造价及每平方造价。

切换至"报表打印"，在该界面下可查看项目的招标控制价及投标报价，如图 5-22所示，点击上方Excel图标按钮，可将表格导出为Excel表格。

图 5-22

第6章

模型应用

使用三维算量for CAD软件创建的案例工程模型如图6-1所示，此模型除了用于工程计量与计价之外，还能够转换为行业主流的BIM模型——Revit模型，依托Revit软件在建筑行业内领先的技术优势以及开放的数据接口，充分地将三维算量模型进行最大程度的利用。

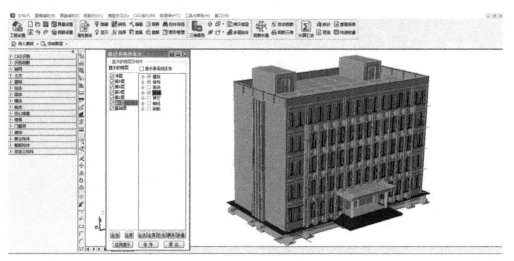

图6-1

本章节将针对建筑设计规划阶段、施工阶段以及城市信息模型（CIM）建设中BIM的主要应用进行讲解，包括模型审阅、建筑性能化分析、施工阶段BIM 5D应用、虚拟现实应用及BIM-CIM介绍。每个小节涉及的软件安装包可通过相应的二维码获取。

6.1 Revit模型转换

Revit是BIM的核心建模软件，许多BIM应用都会围绕着Revit模型展开，考虑到整体性应用，因此将三维算量模型转换为Revit模型。

（1）BIM交互文件导出

点击系统菜单栏中"模型交互"命令，显示"导出斯维尔BIM交互文件(SFC)"

与"导入斯维尔BIM交互文件(SFC)"两个
命令，如图6-2所示，选择首选项"导出斯
维尔BIM交互文件(SFC)"，弹出导出设置对
话框，设置导出内容为"导出完整数据"，
其余按默认设置，如图6-3所示。

图6-2   图6-3

将导出的BIM交互文件指定一个路径进行保存，打开导出的文件夹，文件夹中
包含一个导出报告和一个格式为".SFC"的文件，后者是模型进行转换要用到的数
据转换文件，如图6-4所示。

名称	修改日期	类型	大小
ExportSFC20191030163111.Log	2019-10-30 16:31	文本文档	3 KB
案例工程.SFC	2019-10-30 16:31	SFC 文件	1,438 KB

图6-4

（2）BIM交互文件导入至Revit

打开斯维尔的UniBIM for Revit软件，如图6-5所示，在Revit软件选项卡上设置
导入BIM交互文件的功能命令。

图6-5

打开Revit软件，这里以Revit 2016软件版本为例，在Revit的功能选项卡中生成一个名为"斯维尔uniBIM"的选项卡，点击此命令，下方会弹出相应的功能模块，选择"导入SFC"命令，如图6-6所示。

图6-6

导入此前创建的"案例工程.SFC"文件，Revit软件会自动识别该数据转换文件中的内容，并弹出导入构件选择对话框，如图6-7所示，选择所有构件之后，点击右下角"导入"按钮，软件会自动处理模型数据，将三维算量for CAD模型转换为Revit模型，数据转换进度如图6-8所示。

图6-7

图6-8

模型转换完成之后如图6-9所示。

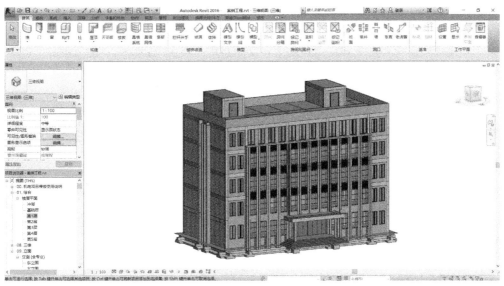

图6-9

6.2 模型审阅

6.2.1 审阅模型转换

Revit模型生成之后，需要对模型的准确性及各专业模型的协调性进行审核，也就是BIM模型审核。

模型审核按照工程项目实施过程也分为多个阶段，包括：初步设计模型审核、深化设计模型审核、施工模型审核、竣工模型审核，每个阶段模型的审核都可在BIM协调软件进行。这里以Autodesk Navisworks Manage软件为例，讲解如何将Revit模型转换为Navisworks Manage软件能够识别的模型。

关闭Autodesk的相关软件程序，然后再运行Navisworks安装程序，软件安装完成之后会在电脑桌面生成如图6-10所示的3个快捷方式图标。

图6-10

打开 Revit 软件，点击"附加模块"选项卡，点击"外部工具"命令的下拉箭头，选择"Navisworks 2016"（这里以 Navisworks 2016 版本为例），如图 6-11 所示。

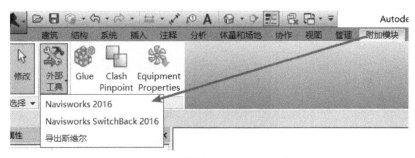

图 6-11

指定路径保存导出的模型文件（文件格式为"nwc"）之后，运行 Navisworks Manage 软件，打开"案例工程 .nwc"，如图 6-12 所示。

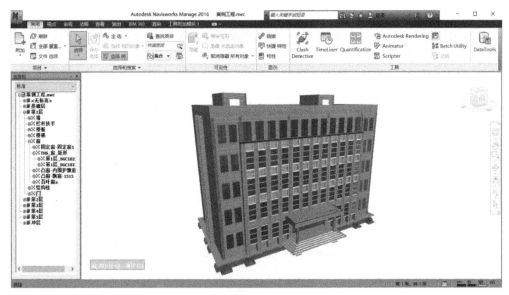

图 6-12

6.2.2 模型审阅

Navisworks 模型相对于 Revit 模型是一个轻量化之后的 BIM 模型，它主要用于模型的审阅浏览，并不能进行模型创建及参数编辑等操作。例如，我们选中任意一个构件，执行"特性"命令，"特性"列表中会显示所选择构件的相关属性信息，但是我们却无法进行属性修改，如图 6-13 所示。

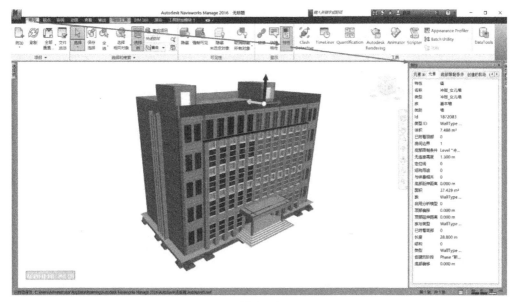

图6-13

因此，使用Navisworks Manage软件进行模型浏览审阅时，可以将有缺陷模型部位进行标记并保存视图，也可以使用"Navisworks SwitchBack"命令返回至Revit软件直接对问题部位进行修改。

（1）模型浏览

点击"视点"选项卡，在"导航"功能面板下提供了多种浏览操作模式，不同的浏览操作模式下对于鼠标和键盘的操作方式也不同，常用的几种操作方式如下：

平移：按住鼠标左键或者按住鼠标滚轮键不放，移动鼠标，目标模型位置会随之变动。

动态观察：按住鼠标左键不放，移动鼠标，目标模型将以轴心进行旋转。

环视：执行此命令，将以第三人视角进行查看模型，按住鼠标左键不放，移动鼠标查看。

漫游：执行此命令后，鼠标变为一对脚印，按住鼠标左键向前移动，则视图向前移动，反之向后，滚动鼠标的滚轮可以模拟人物抬头或者低头的视角，按下鼠标滚轮移动则可以改变漫游人物的竖向高度位置。

真实效果：勾选该命令下的"第三人"，视图中将会出现以为虚拟人物，配合"漫游"命令，模拟该人物的视角进行第三人的漫游浏览，如图6-14所示；勾选"碰撞、重力、蹲伏"三个选项后，表示人物将无法穿越实体，虚拟场景将会对人物产生重力效果（虚拟人物必须站在实体模型之上，否则会一直下沉），并且遇到障碍物之后虚拟人物会下蹲。

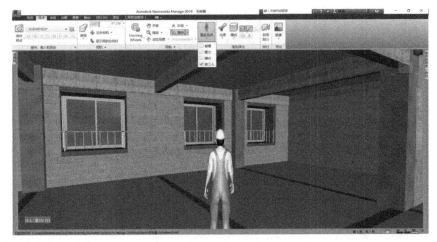

图6-14

（2）视图标记

①测量

选择"审阅"选项卡下"测量"功能面板中的"测量"命令，该命令下有多个子命令，分别用于测量长度、角度及面积。以"点到点"子命令为例：在漫游模式下进入建筑内部，使用"点到点"命令测量人物所在楼层的净空高度，首先点取梁底面的任意位置，然后选择"锁定"命令下的"Z轴"子命令，这样就确保了点取的第二个测量点的方向为垂直方向，最后在楼面任意位置点取一点，即可测量出梁底距离当前楼面的高度，如图6-15所示。

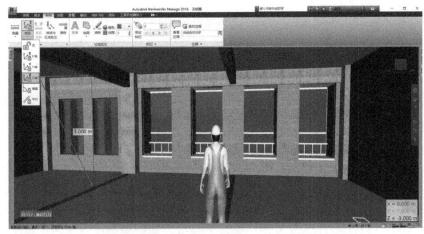

图6-15

②批注

在进行模型浏览时，若发现模型有问题，可通过"红线批注"功能进行标注并说明。选择"审阅"选项卡下"红线批注"功能面板中的绘图命令，在当前视图对有问题的地方进行圈注或者画线标记，也可使用文字进行问题描述，如图6-16所示。

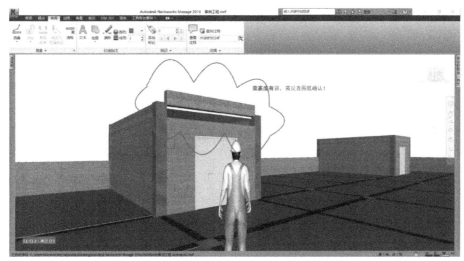

图6-16

③视点保存

选择"视点"选项卡下"保存视点"命令，在视图窗口右侧弹出的"保存的视点"窗口中对视点进行命名或者分类管理，如图6-17所示。

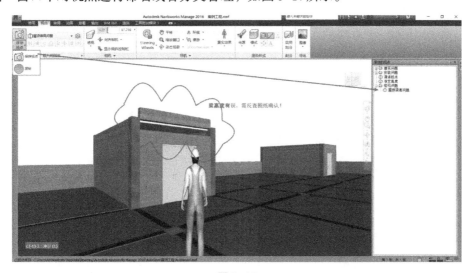

图6-17

对于有问题的构件，也可以通过"特性"列表查看该构件的ID号，在Revit软件中输入该ID号查看模型的所在位置并进行模型的修改调整等操作。

6.2.3 碰撞检查

（1）图元冲突检测

通过Navisworks的"附加"命令，将安装模型加载至当前案例工程中，此时项目文件中将包含土建和安装两个专业的模型，本小节讲解如何检测安装专业模型与土建模型的碰撞检查。

选择"常用"选项卡下"工具"面板中的"Clash Detective"命令，视图中弹出碰撞检测设置对话框，首先点击窗口右上角"添加检测"按钮，添加一个测试类别，如图6-18所示。

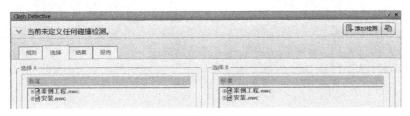

图6-18

在下方"选择A"和"选择B"检测对象选择栏中分别选择不同的模型文件，设置碰撞检测中包括曲面几何图形，并设置碰撞类型为"硬碰撞"，相关设置完成之后点击下方的"运行检测"按钮，如图6-19所示。

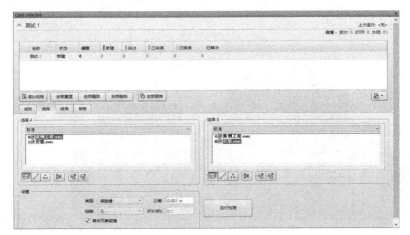

图6-19

得出碰撞结果之后，除了发生碰撞的两个构件会亮显（构件的颜色分别为红色和绿色），其余模型将会以线框的显示状态呈现，如图6-20所示。

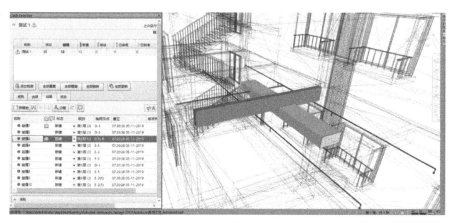

图6-20

测试结果罗列出了所有发生碰撞的点，并提示了碰撞点的楼层所在位置以及轴网的交点位置，便于返回图纸查看原因。在Revit软件中将安装模型导出为"nwc"格式的文件时，在"附加选项"命令中选择"Navisworks"子命令之前先选择"Navisworks SwitchBack"，则能够实现在Navisworks软件中被选中的模型在Revit软件中同时也被选中，只要在Navisworks中选择想要返回Revit的构件，然后在右键菜单中选择"返回"命令，即可在Revit中显示对应的构件，找到问题构件之后在Revit软件中进行模型修改，如图6-21所示。

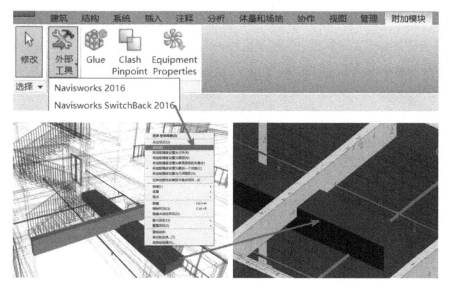

图6-21

（2）导出报告

得出碰撞结果之后，可以将结果导出html格式的报告，方便问题查看。

在"Clash Detective"对话框中切换至"报告"一栏，可进行报告类型及格式的设置，然后点击右下角"写报告"按钮，即可将结果以汇总报告的形式导出并保存。

6.2.4 施工动画模拟

（1）创建任务

选择"常用"选项卡下"Timeliner"命令，弹出任务配置对话框，如图6-22所示。

图6-22

在"任务"中需要手动输入项目进度计划，在"数据源"中则可以导入进度计划，支持的导入格式包括CSV、MPP等。

添加任务之后，需要为任务进行命名，并且设置计划开始时间与计划结束时间，每个任务必须要附着相应的模型构件，例如，添加的任务名称为"基础施工"，则该任务附着的构件为基础模型，如图6-23所示。

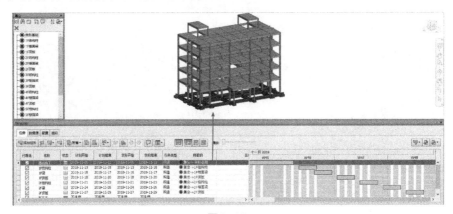

图6-23

（2）添加动画

在"任务"中添加TimeLiner动画列，如图6-24所示，在动画列中为每条任务添加Animator中已经定义好的动画。

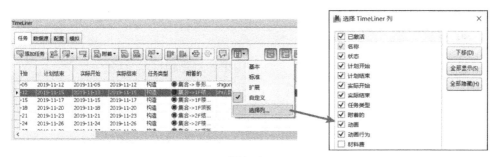

图6-24

在Animator动画设置对话框中，按照任务名称为相应的构件定义帧动画，例如，为首层结构柱添加剖面动画，设置起点帧和终止帧分别为首层柱子完全剖切和没有剖切的状态，以这两个关键帧为路径生成结构柱的生长动画，随后将该动画添加至TimeLiner中名称为"首层结构柱施工"的任务动画列中。

（3）进度动模拟

在TimeLiner中切换至"模拟"，点击播放按钮即可播放此前定义的施工进度模拟动画，如图6-25所示。

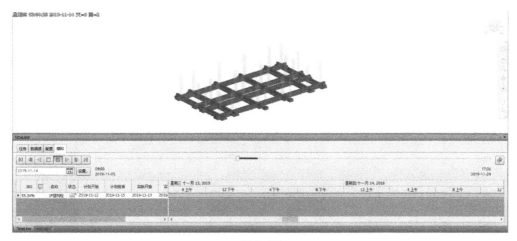

图6-25

6.3 建筑性能分析

首先我们把Revit模型转换为热工模型用于建筑物理性能分析。

在Revit软件"附加模块"选项卡下"外部工具"中选择"导出斯维尔"命令，如图6-26所示，此命令是用于将Revit模型导出为绿色建筑分析软件可读取的模型。

图6-26

对于绿色建筑分析而言，墙体的构造至关重要，因此在导出的过程中，软件会让用户进行墙类型及构造的确认，如图6-27所示。

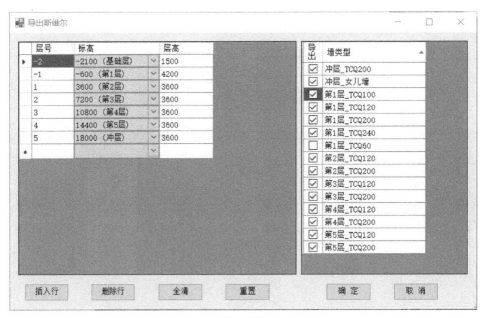

图6-27

6.3.1 节能分析

（1）模型导入

打开斯维尔节能设计软件，在屏幕菜单中选择"条件图"中的"导入Revit"命令，打开从Revit导出的热工模型文件"案例工程.sxf"，如图6-28所示。

图6-28

模型导入后在绘图区域的任意位置点击放置模型。由Revit导入的节能分析模型并不是一整个模型，而是由各个楼层的模型组合而成，如图6-29所示。

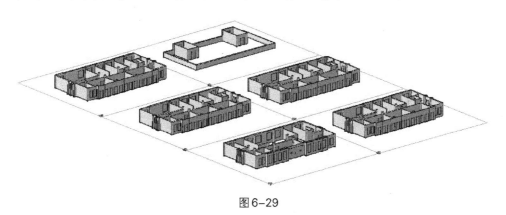

图6-29

这部分模型已经自动划分好了楼层框与相应的楼层高度，因此不需要再使用"建楼层框"功能。

（2）空间划分

选择"空间划分"菜单中的"搜索房间"命令，生成建筑的轮廓、房间对象并自动编号，在此步骤中可以查看每个房间的面积以及所在楼层的建筑轮廓面积。

（3）模型观察

在绘图区域空白处点击鼠标右键，在右键菜单中选择"模型观察"命令，则软件会自动将各个楼层的模型进行组合，并生成一个独立的视口用于模型浏览，如图6-30所示。

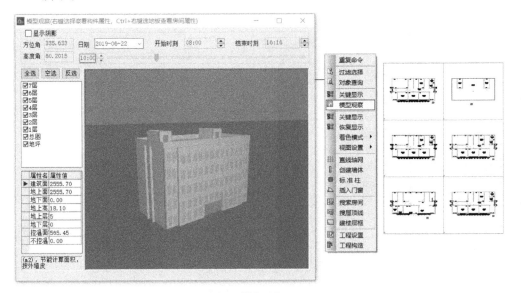

图6-30

（4）设置

得到节能分析模型之后，接下来要对建筑项目的相关信息及构造进行设置，展开屏幕菜单中"设置"。

①工程设置：设置工程地点、建筑类型、朝向等信息；

②工程构造设置：为工程围护结构指定构造做法；

③局部设置：在"特性表"中设置工程细部信息。

（5）计算

展开屏幕菜单中的"计算"。

①数据提取：提取工程计算数据，计算体形系数；

②能耗计算：性能指标判定时计算能耗的功能键；

③节能检查：按照"规定指标"和"性能指标"判断工程是否达标，如图6-31所示。

节能检查 - 浙江省标（DB33 \ 1036-2007）-甲类+《浙江省民用建筑绿色设计标准》(DB33 \ 1092-2013).std

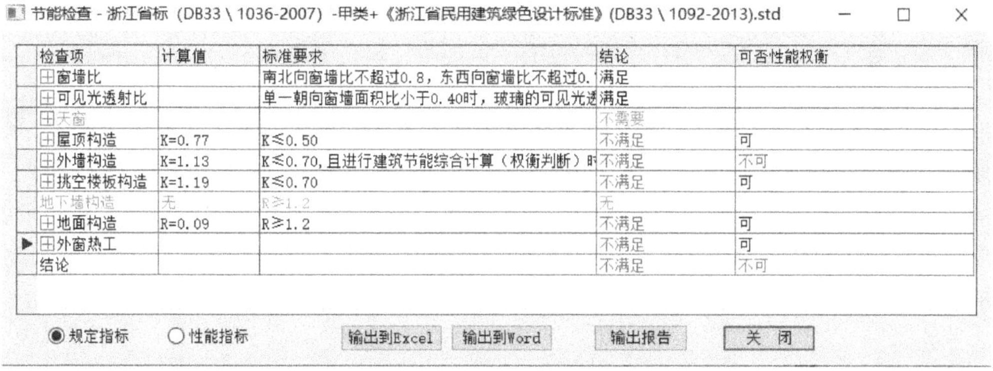

检查项	计算值	标准要求	结论	可否性能权衡
田窗墙比		南北向窗墙比不超过0.8，东西向窗墙比不超过0.	满足	
田可见光透射比		单一朝向窗墙面积比小于0.40时，玻璃的可见光透	满足	
田天窗			不需要	
田屋顶构造	K=0.77	K≤0.50	不满足	可
田外墙构造	K=1.13	K≤0.70，且进行建筑节能综合计算（权衡判断）时	不满足	不可
田挑空楼板构造	K=1.19	K≤0.70	不满足	可
地下墙构造	无	R≥1.2	无	
田地面构造	R=0.09	R≥1.2	不满足	可
田外窗热工			不满足	可
结论			不满足	不可

规定指标
性能指标
输出到Excel
输出到Word
输出报告
关 闭

图6-31

（6）输出报表

在“计算”菜单下，能够输出多种形式的报表，如节能报告、报审表等。

6.3.2 日照分析

（1）模型导入

打开斯维尔日照分析软件，在屏幕菜单“基本建模”中选择“导入建筑”，由于日照分析模型和节能分析模型可以共用，因此在打开模型的界面中选择节能分析模型文件，模型导入后如图6-32所示，此模型是一个组合好的整体建筑模型。

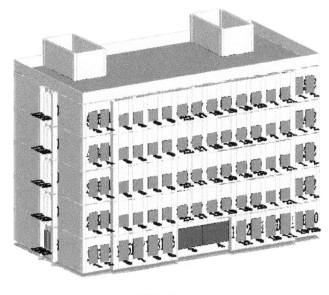

图6-32

（2）绘制遮挡物

①遮挡建筑轮廓绘制

使用多段线绘制命令，在案例工程模型周边绘制封闭的建筑轮廓线，如图6-33所示。

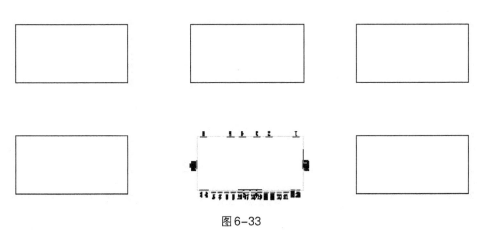

图6-33

②创建模型

选择屏幕菜单"基本建模"中"创建模型"命令，弹出模型设置对话框，设置建筑高度、名称、低高及编组名称，相关设置如图6-34所示。

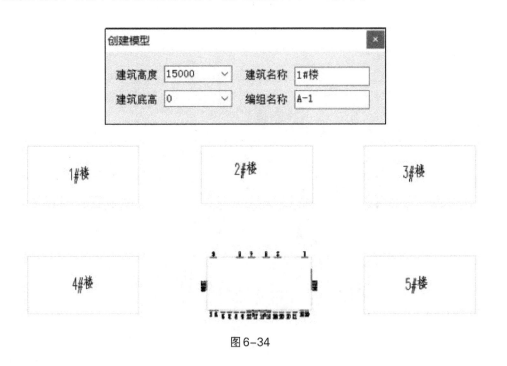

图6-34

（3）分析

软件提供了多种日照分析方法，用户可按实际需要选择相应的分析方式，但是不管使用哪种分析手段，首先都需要设置项目的地理位置信息及日照标准，以"窗照分析"为例，相关信息设置如图6-35所示，多种分析结果如图6-36所示。

图6-35

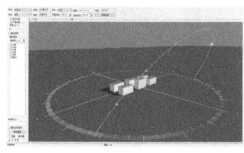

阴影轮廓

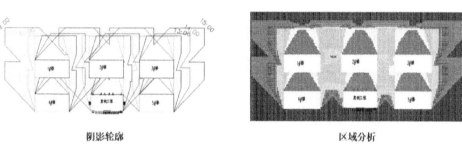

区域分析

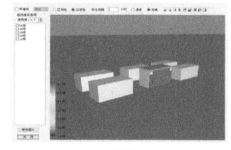

日照仿真

全景日照

图6-36

6.3.3 采光分析

打开斯维尔采光分析软件，由于采光分析软件能够和节能分析软件共用同一个模型文件，因此可以使用采光软件直接打开节能分析的模型，并另存文件。

由于在对案例工程进行节能分析的时候已经对模型进行了修正，并完成了空间划分，原则上可直接将模型用于计算分析。但是建筑采光分析与建筑节能分析两者对模型的侧重点不同，例如建筑采光注重门窗的类型、遮阳类型和房间类型等，而节能分析注重建筑的构造、窗墙比等，因此，要另外在采光软件中对模型文件进行项目设置，然后才能执行计算分析。

（1）采光设置

选择屏幕菜单"设置"中"采光设置"，在弹出的对话框中设置建筑类型、地点、采光标准等信息。

（2）门窗等信息设置

参考建筑施工图纸或门窗制造信息，在"门窗类型"命令中设置相关信息。

（3）分析

软件提供了采光计算、达标率、内区采光等主要分析方法，并且能够支持全天三维采光等辅助分析功能，采光分析彩图如图6-37所示。

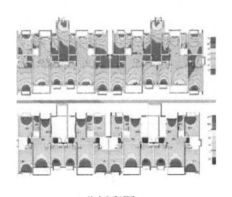

分析彩图　　　　　　　　　　　　　三维采光

图6-37

6.4 BIM 5D应用

本章节将讲解BIM模型与成本、进度进行关联后的5D应用。

安装并打开斯维尔BIM 5D软件，切换至"数据导入"界面，通过"添加单体"命令为项目文件添加被赋予了算量属性的建筑模型，这个模型可以是三维算量for CAD软件所创建的，也可以是Revit软件所创建的。

在"数据导入"界面中切换至"成本预算导入"，在该栏目下需要添加预算文件，并且将预算文件与模型构件进行一一关联，例如，名称为"矩形柱"的清单条目，必须与实物量类型同为矩形柱，且清单项目特征与实物量的项目特性相同才能进行关联。只有将模型中的各类实物量与导入的清单条目进行关联后，在模型视图中选择任意构件，都能够显示该构件的造价信息，如图6-38所示。

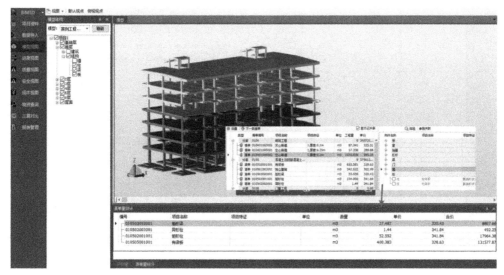

图6-38

6.4.1 施工进度模拟

模型与成本关联之后，接着需要将模型与进度进行关联。

（1）新建流水段

切换至"进度视图"界面，在模型视图的下方会出现流水段管理对话框，在该对话框中手动自定义流水段，或者通过导入外部进度计划文件，BIM 5D软件支持Project软件制作的进度计划文件——XML格式和MPP格式，外部文件导入BIM 5D软件之后，软件会自动识别为支持的格式，如图6-39所示。

（2）工作面管理

流水段划分好之后，下一步需要进行工作面的划分，并且为每个工作面分配相应的模型构件。

在"工作面管理"面板中工作面的名称按照流水段的名称进行命名，这样便于后面将流水段与工作面进行关联。

工作面命名完成之后，下方的"构件"列表中并无相应的构件模型，如图6-40所示。

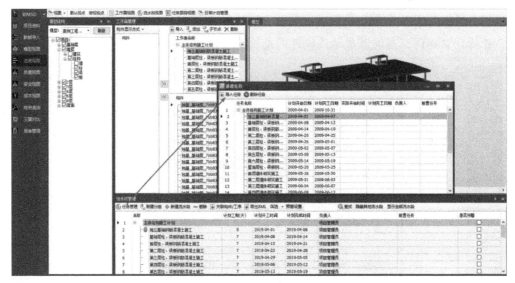

图6-39

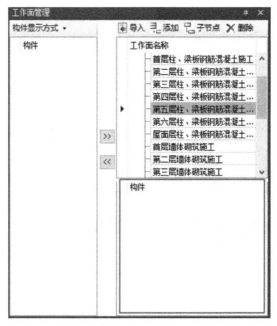

图6-40

因此接下来要为每一个工作面分配模型构件，在"模型结构"面板中选择与工作面对应的构件，例如，工作面名称选择为"首层柱、梁板钢筋混凝土施工"，那么在模型结构里面只勾选首层的柱、梁和板，点击中间的向右添加按钮，将首层的柱、梁和板构件赋予了名称为"首层柱、梁板钢筋混凝土施工"的工作面，如图6-41所示。

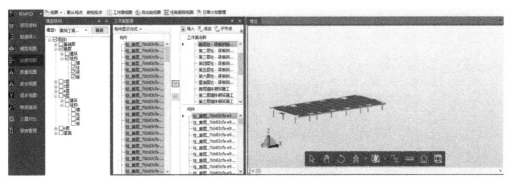

图 6-41

以此类推，分别为其余工作面分配相应的构件。

（3）关联工序

在"流水段管理"面板中选择"关联构件/工序"命令，在弹出的流水段关联设置对话框中将工作面与相应的实物量进行关联，例如，名称为"首层柱、梁板钢筋混凝土施工"的工作面需要与首层的柱、梁和板三类实物量进行关联，如图6-42所示。

图 6-42

（4）任务跟踪

在模型视图上方选择"任务跟踪视图"，原本的"流水段管理"面板变为了"任务跟踪"面板，在该面板中设置时间范围，可进行施工进度动画播放，也可直接查看某一时段内建筑的施工完成情况，如图6-43所示。

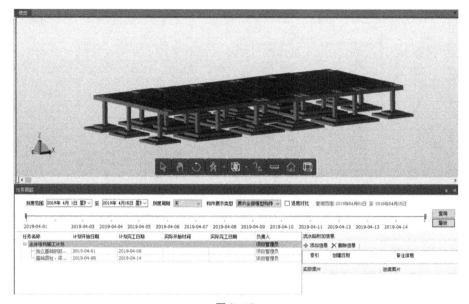

图 6-43

6.4.2 施工成本管控

（1）成本动态查看

切换至"成本视图"界面，在"成本视图"面板中设置想要查询的起始时间，点击"查询"或者"播放"按钮，可以直接查看或者动态查看项目的成本变化，如图 6-44 所示。

图 6-44

（2）物资查询

切换至"物质查询"界面，在该界面用户可以按照多种方式来进行物资的查询，主要分为按时间查询、按楼层查询、按任务查询、按流水段查询或者按专业查询，如图6-45所示。

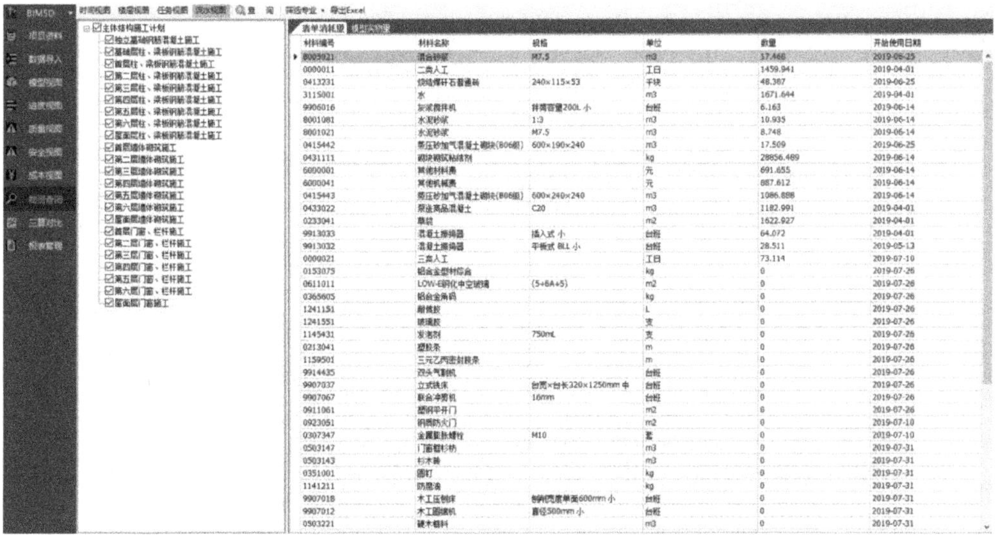

图6-45

6.5 虚拟现实

6.5.1 虚拟现实模型转换

有了Revit模型之后，可以将该模型导入到多个虚拟现实平台，这里以Fuzor软件为例。

关闭Revit软件，安装Fuzor软件，安装完成之后用Revit软件打开案例工程模型，此时在Revit的选项卡中多了一项"Fuzor Plugin"。将视图切换至三维，点击"Fuzor Plugin"选项，该选项下方显示出多个功能命令，点击"Launch Fuzor"命令，如图6-46所示。

图 6-46

执行"Launch Fuzor"命令之后会弹出导出设置对话框，选择要导出的三维视图模型，设置完成之后点击"OK"即可，软件会自动打开Fuzor软件，并且将Revit模型导入，如图6-47所示。

图 6-47

6.5.2 模拟漫游

在Revit软件中为模型添加地形表面，布置好的场地模型也会同步到Fuzor软件中，如图6-48所示。

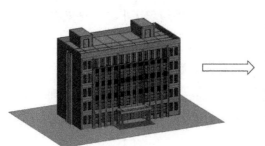

图 6-48

在"导航模式"中选择"人物控制",则视图进入人物漫游模式,如图6-49所示。

图6-49

Fuzor软件中人物漫游的操作方式为:

①键盘的"W、S、A、D"键分别代表这上、下、左、右4个方向的移动,也可以通过键盘的方向键进行人物移动;

②按下鼠标的右键不放进行移动,则呈现人物环视的效果;

③鼠标的滚轮键前后滚动可调节人物视图的远近效果。

人物控制模式还可以改变人物类型,包括女性和小孩,也可以将人物导航模式改为人物坐在轮椅上或者车辆里来模拟建筑物的空间位置关系。

另外也可以外接控制器来控制人物或者车辆的移动,如图6-50所示控制器类型选项。

图6-50

6.5.3 场景模拟

（1）时间模拟

切换至"场景设置"选项卡，该选项卡下第一个图标为时间控制器，通过鼠标拖动钟表的指针或者调整钟表下方的时间值来改变场景的时间，如图6-51所示。

白天　　　　　　　　　　傍晚　　　　　　　　　　夜晚

图6-51

（2）天气模拟

"场景设置"选项卡下的第二个图标为天气控制器，如图6-52所示，可以模拟下雨或者下雪的天气场景，并可以调节雨雪的角度，如图6-53所示。

图6-52

下雨天　　　　　　　　　　　　　下雪天

图6-53

（3）特效设置

软件内置火焰、黑烟、水柱等特效，可以用于事故现场的模拟等，如图6-54所示。

图6-54

除以上场景模拟效果之外，软件还提供多种人物类型及车辆类型以丰富场景的模拟，并且支持监控模拟、制作脚本动画等多种功能。

6.6 从BIM到CIM

6.6.1 城市信息模型——CIM

BIM技术已经成为建筑行业备受关注和重视的信息化技术，承担着建筑行业转型升级的重要使命。与此同时，一个以BIM技术为基础的更加宏大的技术概念——CIM（City Information Modeling，城市信息模型）应运而生，它以3D GIS（Geographic Information System，地理信息系统）与BIM技术为基础，集成互联网和物联网（IOT）技术、虚拟现实、云计算、增强现实、大数据、人工智能等先进技术进行数据的采集、分析、整合、挖掘并展示，反映整个区域或者城市规划、建设、发展、运行的数字化信息模型,可用于区域以及城市的规划决策、城市建设、城市管理等工作(图6-55)。

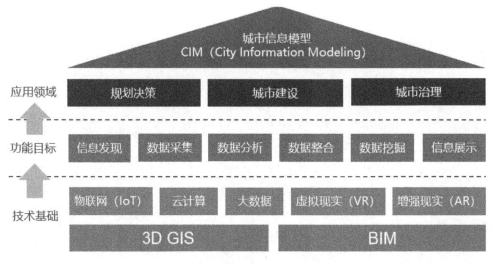

图6-55

　　CIM是一种可融合、使用和可视化多元城市数据的多学科综合方法。CIM不仅可以用于管理土地、环境和物业的需求,平衡不同利益相关者之间的需求,并且让大众在城市管治中扮演重要的角色。CIM将会是未来城市建设和智慧城市规划、发现的重要技术支撑。它可以联系不同利益相关者,为未来城市的规划和管理提供关键技术和重要的平台。

6.6.2 BIM与CIM的关系

　　一座城市的建设是从城市规划蓝图开始的,从一幢幢建筑的建设开始进行实施的。CIM中的信息包括组织(政府部门、企业单位、家庭、学校等)、人、交通、能源、通讯、建筑以及市政道路等城市基础设施、人与组织的生产、生活等活动动态的信息,而BIM是构成CIM的重要基础数据来源之一。因此,CIM与BIM的关系可以说是宏观与微观、整体与局部的关系。整个城市的BIM信息,通过GIS可以作为索引信息组织,反映出城市功能划分(图6-56)、产业布局(图6-57)以及空间位置(图6-58)。

图 6-56

图 6-57

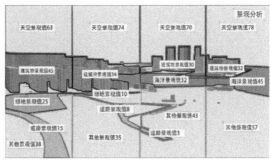

图 6-58

第 7 章

工程案例练习

7.1 工程概况

工程名称：案例工程。

主体层数：本工程共5层，总高18.9m。

结构类型：框架结构。

基础形式：柱下十字交叉基础。

总建筑面积：2125.18m²。

本工程建筑类别为三类，耐火等级为二级。

项目设计使用年限为50年，建筑场地类别为Ⅱ类，地区抗震设防烈度为6度，结构抗震等级为三级，结构设计采用16G101-1标准图集等。

7.2 建模要求

7.2.1 结构建模

（1）主体结构建模

①使用三维算量for CAD软件按照结构施工图纸要求完成基础、柱、梁、板模型的创建，混凝土等级按图纸要求；

②首层至第五层的框架柱、框架梁和现浇板的混凝土强度等级为C25，圈梁、构造柱、过梁、窗台的混凝土强度等级为C20；

③基础混凝土等级：基础梁C25，独立基础C25，短柱C25，垫层C10；

④楼梯建模详见结构施工图纸和建筑施工图纸的楼梯大样图及剖立面图。

（2）二次结构建模

①圈梁

墙高超过4m时，应在墙体半高处（一般结合门窗洞口上方过梁位置）设置与柱连接且沿墙全长贯通的钢筋混凝土水平系梁（圈梁），梁截面为墙宽b×120，配纵筋2B12，箍筋A6@200。柱（或抗震墙）施工时预埋2B12与水平系梁纵筋连接。水平系梁遇过梁时，按截面、配筋较大者设置。

②构造柱

填充墙的构造柱位置详各层建筑平面图，构造柱截面均为200×200，纵筋4B12，箍筋A8@100/200。在上下楼层梁相应位置各预留4B12与构造柱纵筋连接。构造柱与填充墙交接处，应设墙体拉筋。施工时先砌墙后浇构造柱。填充墙的构造柱设置应遵循以下原则：

a. 当墙长大于6m时，应在墙中设置构造柱，构造柱间距不大于2倍墙高；

b. 无支座墙长度大于0.6m，应在墙端设置构造柱；

c. 洞口宽度大于2.1m时，应在洞口两侧设置构造柱；

d. 在内外墙交接处和外墙转折处应设置构造柱，构造柱间距不大于2倍墙高。

③门窗过梁

a. 填充墙门窗洞口上部均设置钢筋混凝土预制或现浇过梁，过梁制作及安装如图7-1所示，过梁表详见图纸。

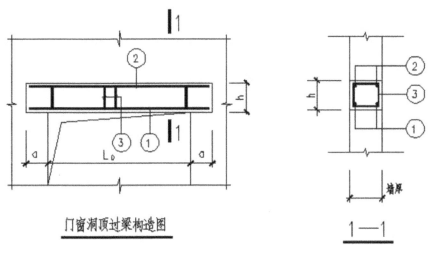

门窗洞顶过梁构造图

1—1

图7-1

　　b. 当洞侧与柱、混凝土墙距离小于过梁支承长度时，柱、墙应在相应位置预留连接钢筋。

　　（3）钢筋建模

　　①钢筋标准选择"16G101-1"。

　　②钢筋型号及直径详见图纸。

　　③钢筋的绑扎及连接方式按软件默认。

　　④钢筋混凝土保护层厚度按软件默认设置。

　　⑤主、次梁相交处应在主梁内两侧各附加三道箍筋，如图7-2所示。

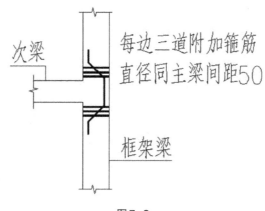

图7-2

　　⑥当梁腹板高度（梁高-板的厚度）≥450mm时，在梁的两个侧面应沿高度配置纵向构造腰筋，纵向构造钢筋的间距a≤200，未标明的纵向构造钢筋为A12；拉筋直径为A6@400。当设有多排拉筋时，上下两排拉筋竖向错开设置。

　　⑦凡与填充墙连接的柱（含构造柱），沿高度在柱中预留2A6@600的拉接筋。

　　⑧除说明之外，其余钢筋说明详见图纸注释。

7.2.2　建筑建模

　　（1）墙体建模

　　①图中未标注厚度的墙体均为200厚蒸压加气混凝土砌块；

　　②图中所标注门窗墙垛尺寸均从其相应轴线起算，砌体墙采用蒸压加气混凝土砌块，未标注厚度的墙体按平面实际厚度计算；

③所有标注尺寸均不含抹灰厚度。

（2）门窗建模

详见门窗表。

（3）台阶、散水及栏杆布置

详见建筑施工图纸及详图。

7.2.3 装饰建模

（1）地面

①卫生间地面做法：

a. 5厚1：1：2聚合物水泥砂浆贴8厚防滑地砖；

b. 20厚M15水泥砂浆保护层；

c. 1.5厚聚合物乳液防水涂料，四周沿墙上翻300mm高；

d. 30厚1：2.5干硬性水泥砂浆找平找坡1%，表面撒水泥粉（超过30厚采用细石混凝土找坡）；

e. 40厚C20细石混凝土内配A4钢筋双向中距150；

f. 干铺油毡一层；

g. 1.5厚聚合物乳液防水涂料，四周沿墙上翻300mm高；

h. 60厚C15混凝土垫层；

i. 150厚碎石垫层；

j. 素土夯实。

②室内房间地面做法：

a. 8～12厚水磨石地面，素水泥擦缝；

b. 30厚1：2.5干硬性水泥砂浆找平，表面撒水泥粉；

c. 40厚C20细石混凝土内配A4钢筋双向中距150；

d. 干铺油毡一层；

e. 1.5厚聚合物乳液防水涂料；

f. 60厚C15混凝土垫层；

g. 素土夯实。

（2）楼面

①卫生间楼面做法：

a. 5厚1：1：2聚合物水泥砂浆贴8厚防滑地砖；

b. 20厚M15水泥砂浆保护层；

c. 1.5厚聚合物乳液防水涂料，四周沿墙上翻300mm高；

d. 30厚1：2.5干硬性水泥砂浆找平找坡1%，表面撒水泥粉；

e. 钢筋混凝土结构楼板。

②其他房间楼面做法：

a. 8～12厚水磨石地面，素水泥擦缝；

b. 30厚1：2.5干硬性水泥砂浆找平，表面撒水泥粉；

c. 钢筋混凝土结构楼板。

（3）墙面

①卫生间内墙面做法：

a. 5～7厚面砖，白水泥擦缝；

b. 10厚1：1：2聚合物水泥砂浆保护层，表面扫毛；

c. 9厚1：3水泥砂浆打底扫毛；

d. 墙体。

②其他房间内墙面做法：

a. 刷白色乳胶漆两道；

b. 刮满腻子；

c. 20厚1：2.5水泥砂浆找平；

d. 墙体。

③外墙面：

a. 5厚枣红色小块面砖，勾缝剂勾缝；

b. 5厚聚合物水泥砂浆；

c. 8厚1：3水泥砂浆；

d. 20厚1：2.5防水水泥砂浆找平，铺贴一层钢丝网；

e. 基层墙体。

（4）天棚做法

a. 基层楼板；

b. 12厚1：3水泥砂浆打底扫毛或划出纹道；

c. 8厚1：2.5水泥砂浆罩面压光；

d. 刷白色乳胶漆两道。

（5）屋面做法

a. 60厚C25细石混凝土随捣随抹平（内配双向A6@200）；

b. 油毡一层隔离层；

c. 45厚挤塑聚苯板（计算厚度35mm）；

d. 1.5厚自粘聚合物改性沥青防水卷材（无胎）；

e. 1.5厚JS-Ⅱ型防水涂料；

f. 20厚1：2.5水泥砂浆找平；

g. 1：6水泥焦渣找坡层坡度2%最薄30；

h. 钢筋混凝土屋面板。

7.3 成果要求

7.3.1 工程量清单

按照"7.2建模要求"完成模型的创建，并按表7-1和表7-2的清单要求输出分布分项工程量清单（表中已经将项目清单列出，根据自己创建的模型进行汇总计算，将相应的结果填入表中）。

表 7-1　分部分项工程量清单

序号	项目编码	项目名称	项目特征	计量单位	工程量
			A 砌筑工程		
1	010402001001	砌块墙	①砖品种、规格、强度等级:蒸压加气混凝土砌块 ②墙体类型:200mm厚直形墙 ③砂浆强度等级、配合比:M5.0混合预拌水泥砂浆	m³	
2	010402001002	砌块墙	①砖品种、规格、强度等级:蒸压加气混凝土砌块 ②墙体类型:100mm厚直形墙 ③砂浆强度等级、配合比:M5.0混合预拌水泥砂浆	m³	
3	010402001003	砌块墙	①砖品种、规格、强度等级:蒸压加气混凝土砌块 ②墙体类型:120mm厚直形墙 ③砂浆强度等级、配合比:M5.0混合预拌水泥砂浆	m³	
			B 混凝土及钢筋混凝土工程		
4	010503001001	基础梁	①混凝土类别:商品砼 ②梁截面形状:三阶锥台 ③混凝土强度等级:C25	m³	
5	010501003001	独立基础	①混凝土类别:商品砼 ②混凝土强度等级:C25	m³	
6	010501001001	垫层	①混凝土类别:商品砼 ②混凝土强度等级:C10	m³	
7	010502001001	矩形柱	①混凝土类别:商品砼 ②混凝土强度等级:C25	m³	
8	010502002001	构造柱	①混凝土类别:商品砼 ②混凝土强度等级:C20	m³	
9	010503002002	矩形梁	①混凝土类别:商品砼 ②混凝土强度等级:C25	m³	
10	010503004001	圈梁(翻边)	①混凝土类别:商品砼 ②混凝土强度等级:C20	m³	
11	010503005001	过梁	①混凝土类别:商品砼 ②混凝土强度等级:C20	m³	
12	010505001001	有梁板	①混凝土类别:商品砼 ②混凝土强度等级:C25	m³	

续 表

序号	项目编码	项目名称	项目特征	计量单位	工程量
13	010505008001	雨篷、悬挑板、阳台板（飘窗板）	①混凝土类别：商品砼 ②混凝土强度等级：C20	m³	
14	010506001001	直形楼梯	①混凝土类别：商品砼 ②混凝土强度等级：C25	m²	
15	010507001001	散水、坡道	①混凝土类别：商品砼 ②混凝土强度等级：C10	m²	
16	010507004001	台阶	①混凝土类别：商品砼 ②混凝土强度等级：C20	m²	
17	010507007001	其他构件（窗台、压顶）	①混凝土类别：商品砼 ②混凝土强度等级：C20	m³	
18	010515001001	现浇构件钢筋	钢筋种类、规格：一级圆钢综合	t	
19	010515001002	现浇构件钢筋	钢筋种类、规格：三级螺纹钢6-8	t	
20	010515001003	现浇构件钢筋	钢筋种类、规格：三级螺纹钢12-14	t	
21	010515001004	现浇构件钢筋	钢筋种类、规格：三级螺纹钢10	t	
22	010515001005	现浇构件钢筋	钢筋种类、规格：三级螺纹钢16-22	t	
			C 门窗工程		
23	010801004001	木质防火门	①成品木质乙级防火门 ②包含油漆、门锁、门吸、顺位器、闭门器、合页等所有五金配件	m²	
24	010802001004	铝合金平开门	①90系列2.0厚断热铝合金中空钢化玻璃平开门(6low-e+12A+6)，外门窗均预留加纱的安装条件 ②包含制作、安装、所有五金配件等	m²	
25	010807001001	铝合金平开窗	①90系列1.4厚断热铝合金中空玻璃平开窗(6low-e+12A+6)，不带纱窗，窗框留槽 ②含五金配件等 ③采用安全玻璃	m²	
			D 屋面及防水工程		
26	010902002001	屋面涂膜防水	5厚JS-Ⅱ型防水涂料	m²	
27	010902001001	屋面卷材防水	5厚自粘聚合物改性沥青防水卷材(无胎)	m²	
28	010902003001	屋面刚性层	①60厚C25细石混凝土随捣随抹平（内配双向A6@200) ②油毡一层隔离层 ③20厚1:2.5水泥砂浆找平 ④1:6水泥焦渣找坡层坡度2%最薄30	m²	

序号	项目编码	项目名称	项目特征	计量单位	工程量
29	010904002001	楼(地)面涂膜防水	5厚聚合物乳液防水涂料,四周沿墙上翻300mm高	m²	
			E 保温工程		
30	011001001001	保温隔热屋面	45厚挤塑聚苯板(计算厚度35mm)	m²	
			F 楼地面工程		
31	011101002001	现浇水磨石楼地面(地1)	①8～12厚水磨石地面,素水泥擦缝 ②30厚1:2.5干硬性水泥砂浆找平,表面撒水泥粉 ③40厚C20细石混凝土内配A4钢筋双向中距150 ④60厚C15混凝土垫层 ⑤素土夯实	m²	
32	011101002002	现浇水磨石楼地面(楼1)	①8～12厚水磨石地面,素水泥擦缝 ②30厚1:2.5干硬性水泥砂浆找平,表面撒水泥粉	m²	
33	011102003001	块料楼地面(地2)	①5厚1:1:2聚合物水泥砂浆贴8厚防滑地砖 ②20厚M15水泥砂浆保护层 ③30厚1:2.5干硬性水泥砂浆找平找坡1%,表面撒水泥粉 ④40厚C20细石混凝土内配A4钢筋双向中距150 ⑤60厚C15混凝土垫层 ⑥150厚碎石垫层 ⑦素土夯实	m²	
34	011102003002	块料楼地面(楼2)	①5厚1:1:2聚合物水泥砂浆贴8厚防滑地砖 ②20厚M15水泥砂浆保护层 ③1.5厚聚合物乳液防水涂料,四周沿墙上翻300mm高 ④30厚1:2.5干硬性水泥砂浆找平找坡1%,表面撒水泥粉(超过30厚采用细石混凝土找坡)	m²	
			G 墙柱面工程		
35	011201001001	墙面一般抹灰(内墙1)	①刷白色乳胶漆两道 ②刮满腻子 ③20厚1:2.5水泥砂浆找平	m²	

续 表

序号	项目编码	项目名称	项目特征	计量单位	工程量
36	011204003001	块料墙面（内墙2）	①5～7厚面砖,白水泥擦缝 ②10厚1:1:2聚合物水泥砂浆保护层,表面扫毛 ③9厚1:3水泥砂浆打底扫毛	m²	
37	011204003002	块料墙面（外墙面）	①5厚枣红色小块面砖,勾缝剂勾缝 ②5厚聚合物水泥砂浆 ③8厚1:3水泥砂浆 ④20厚1:2.5水泥砂浆找平,铺贴一层钢丝网,钢丝网要与主体结构连接	m²	
			H 天棚工程		
38	011407002001	天棚喷刷涂料	①刷白色乳胶漆两道 ②8厚1:2.5水泥砂浆罩面压光 ③12厚1:3水泥砂浆打底扫毛或划出纹道	m²	
			I 栏杆工程		
39	011503001001	金属扶手、栏杆、栏板	①楼梯斜段不锈钢栏杆,高度900mm ②含油漆、预埋件等	m	
40	011503001002	金属扶手、栏杆、栏板	①护窗栏杆,高度450mm ②含油漆、预埋件等	m	

表7-2 措施项目清单

序号	项目编码	项目名称	项目特征	计量单位	工程量
			A 模板工程		
1	011702002001	矩形柱	矩形柱模板,支模高度3.6m以内	m²	
4	011702004002	异形柱	异形柱模板,支模高度5.6m以内	m²	
5	011702003001	构造柱	构造柱模板	m²	
6	011702006001	矩形梁	矩形梁模板,支模高度3.6m以内	m²	
8	011702008001	圈梁（翻边）	翻边模板	m²	
9	011702009001	过梁	过梁模板	m²	
12	011702014001	有梁板	有梁板模板,支模高度3.6m以内	m²	
14	011702024001	楼梯	直行楼梯模板	m²	
16	011702023001	雨篷、悬挑板、阳台板	飘窗板模板	m²	

续 表

序号	项目编码	项目名称	项目特征	计量单位	工程量
17	011702027001	台阶	台阶模板	m²	
18	011702025001	其他现浇构件(窗台)	窗台模板	m²	

7.3.2 工程清单计价

根据工程量清单编制"分部分项工程和单价措施项目清单计价表"和"综合单价分析表"。

7.4 施工图

电子版结构施工图纸和建筑施工图纸可通过扫描下方二维码获取：

（1）结构施工图

（2）建筑施工图

打印版图纸如下所示：

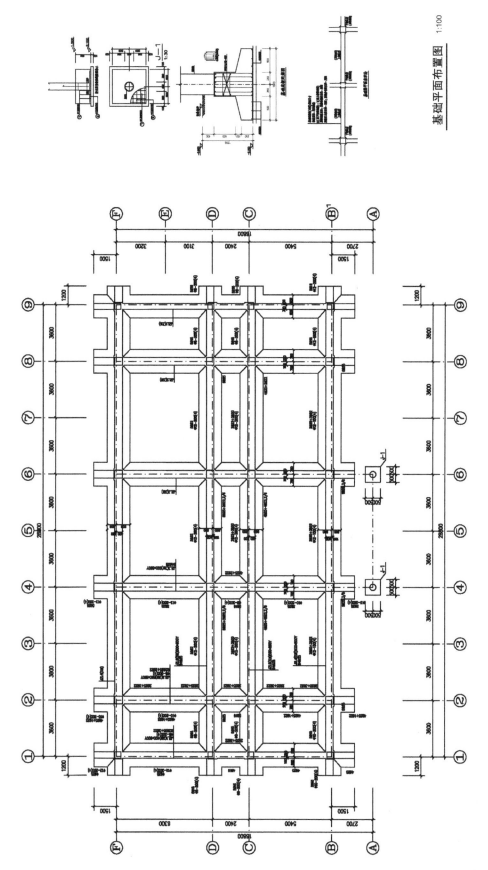

基础平面布置图 1:100

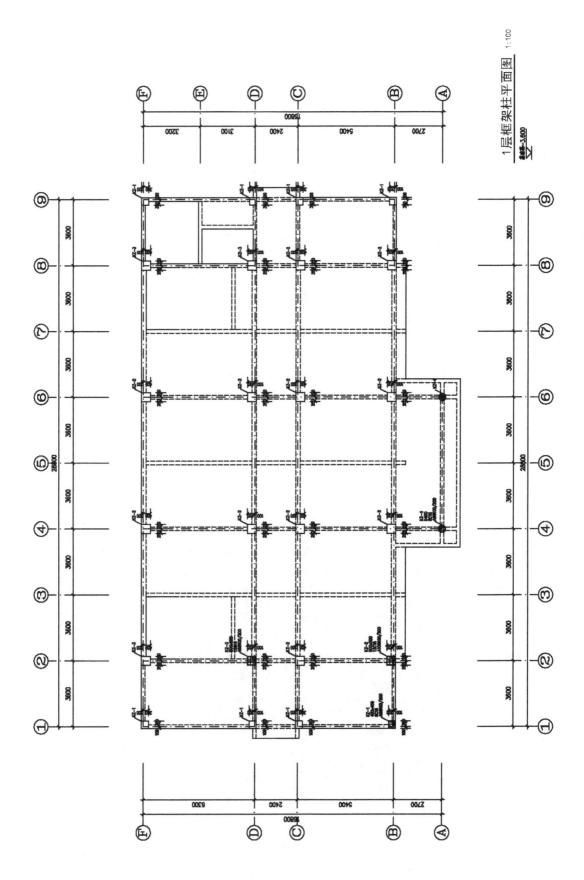

1层框架柱平面图 1:100

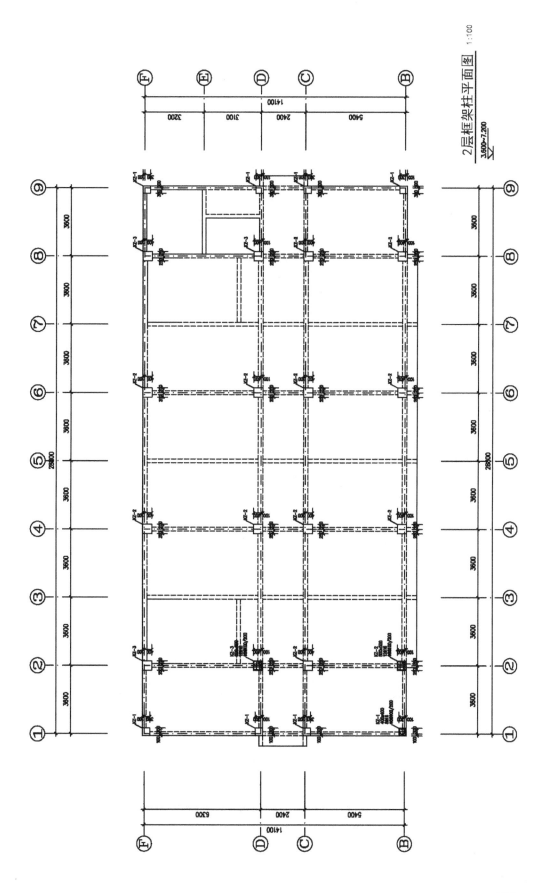

2层框架柱平面图 1:100

3.600~7.200

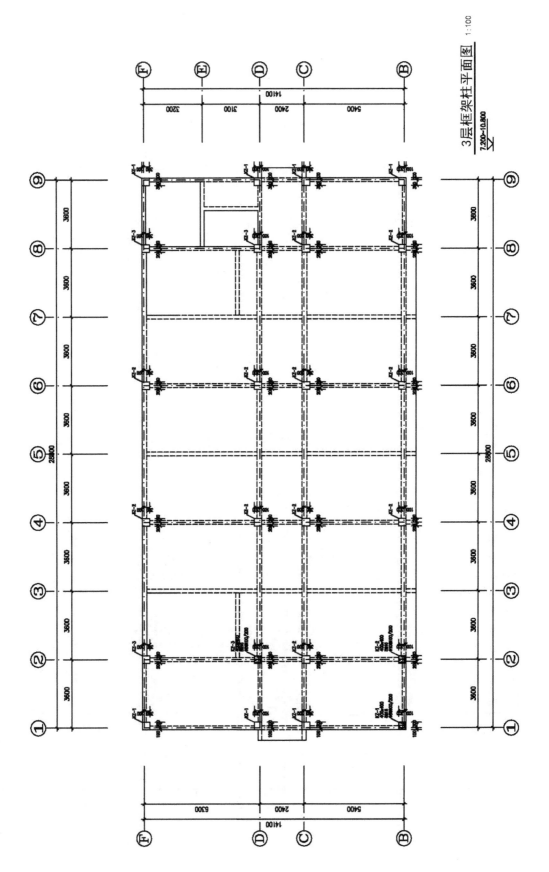

3层框架柱平面图 1:100

7.200~10.800

216

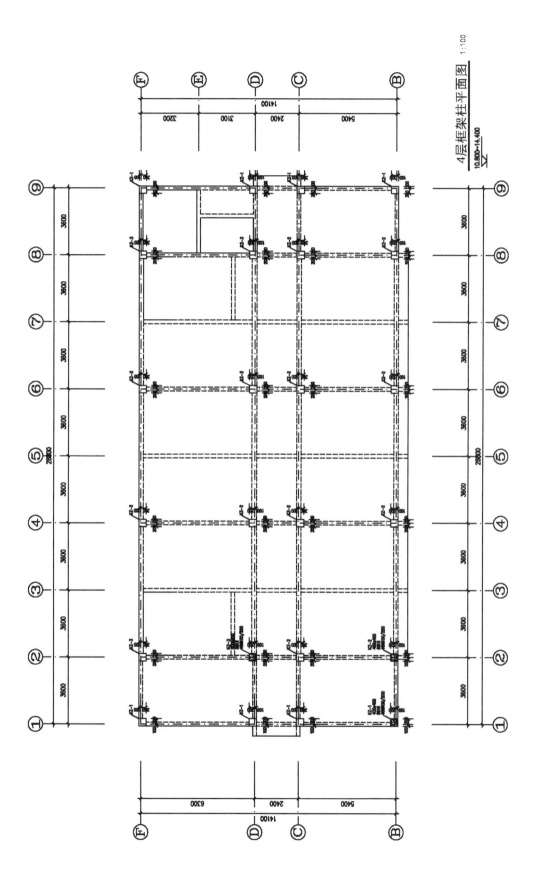

4层框架柱平面图 1:100

10.800～14.400

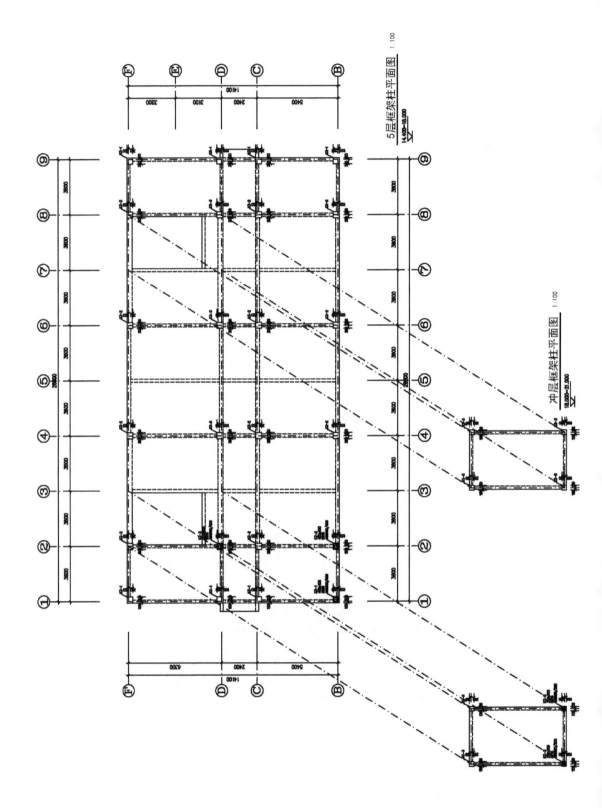

5层框架柱平面图 1:100
14.400~18.000

冲层框架柱平面图 1:100
18.000~21.000

218

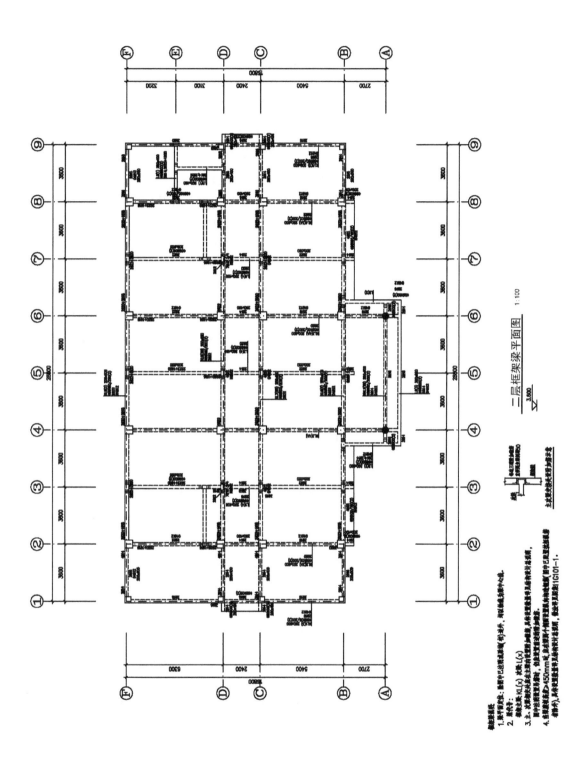

二层框架梁平面图 1:100

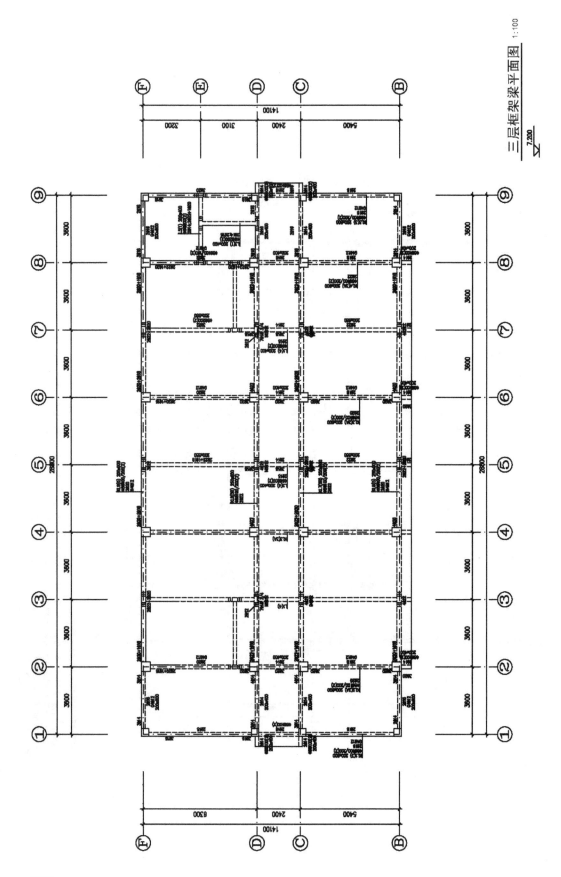

三层框架梁平面图 1:100

7.200

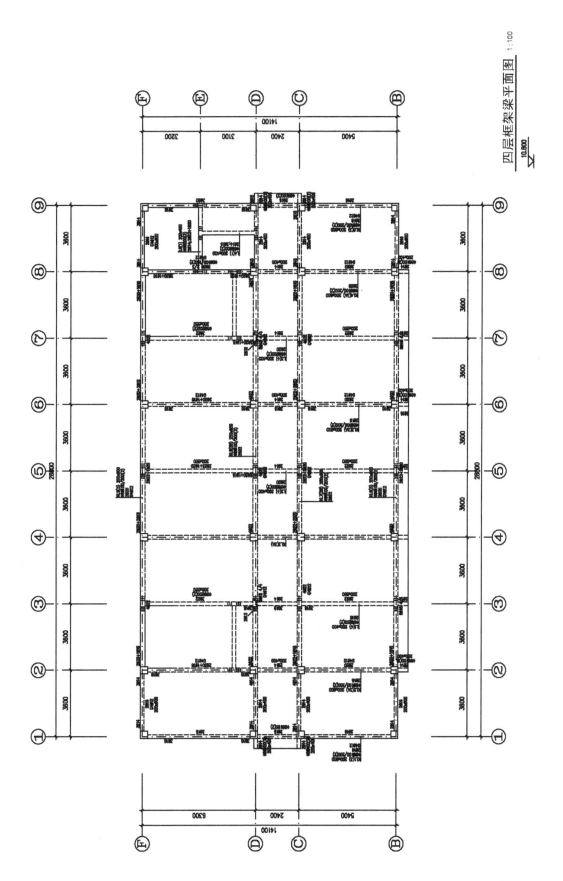

四层框架梁平面图 1:100

10.800

221

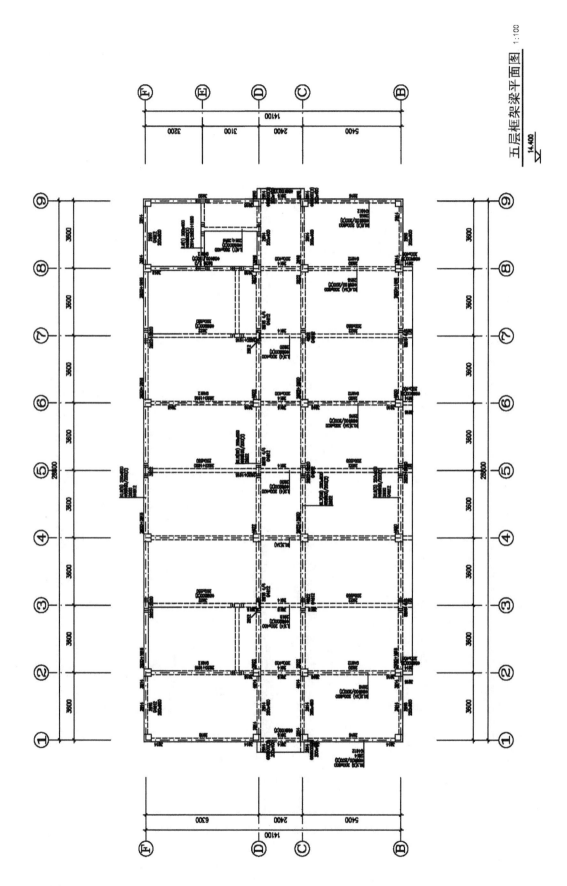

五层框架梁平面图 1:100

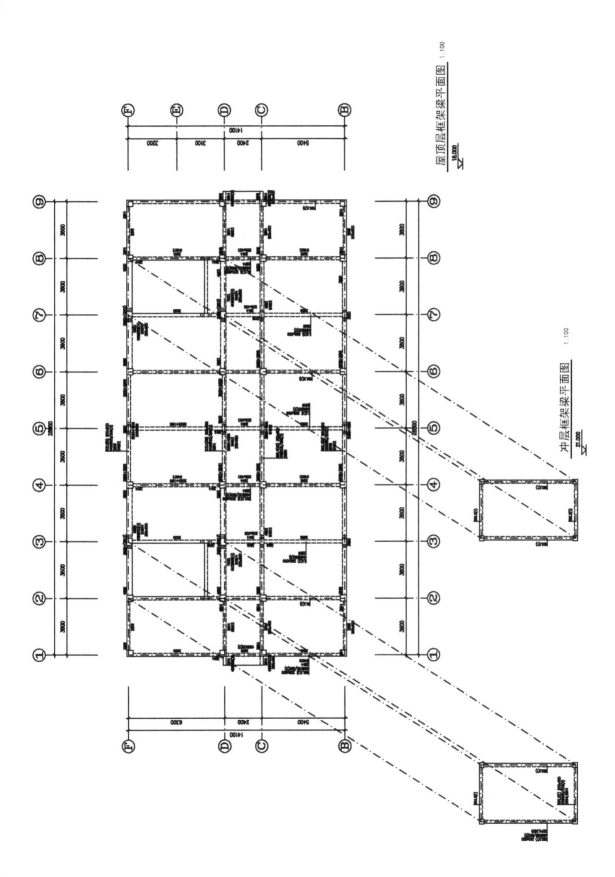

屋顶层框架梁平面图 1:100
18.000

冲层框架梁平面图 1:100
21.000

223

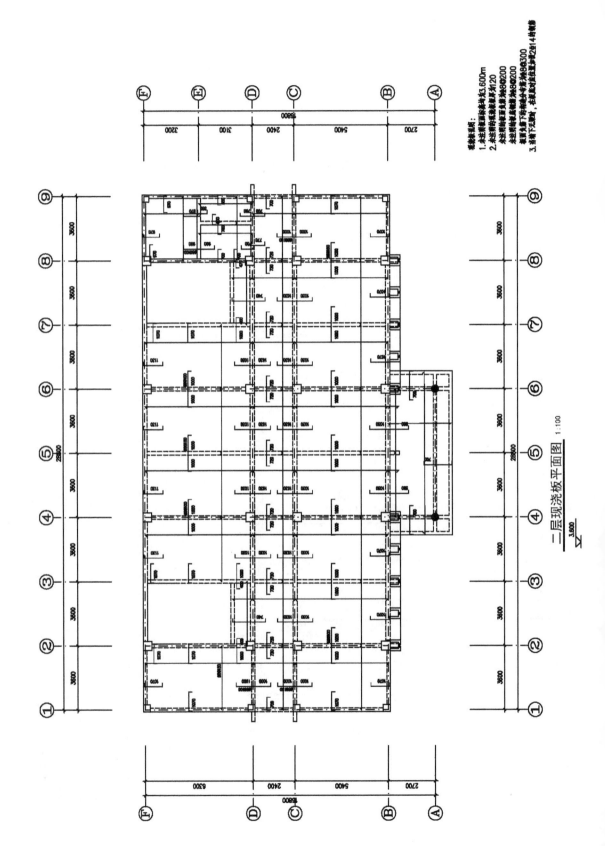

二层现浇板平面图 1:100

说明：
1. 未注明板面标高为3.600m
2. 未注明板边线及板厚为120
3. 当梁下无墙时，板支座负筋直径为2414构造筋

224

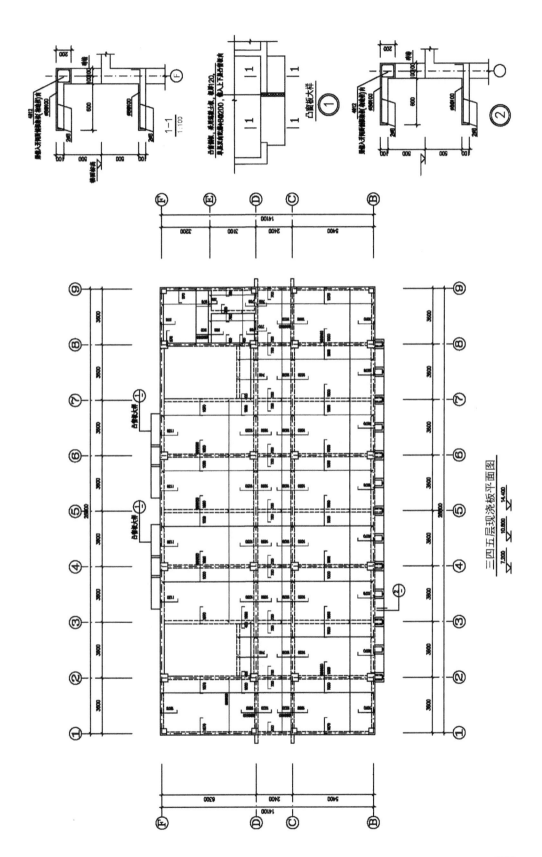

三四五层现浇板平面图

225

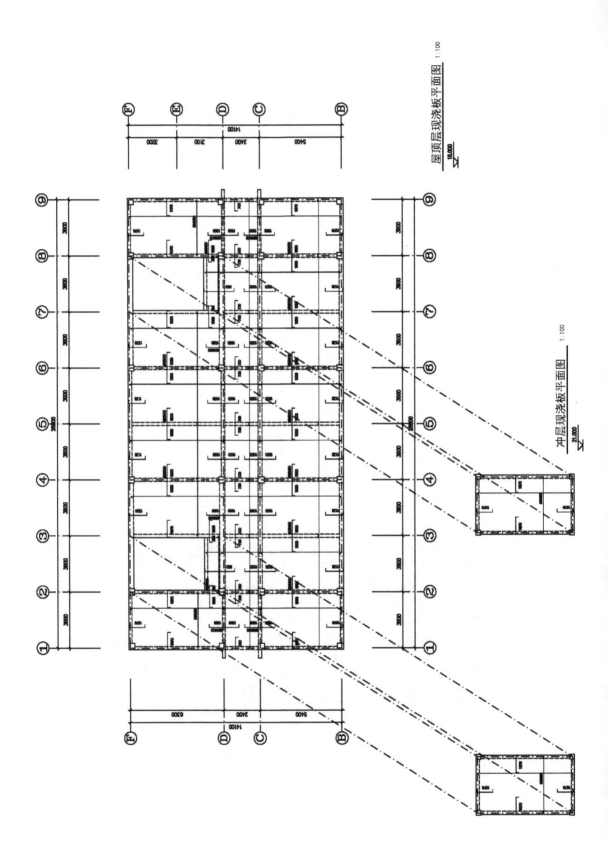

屋顶层现浇板平面图 1:100
18.000

冲层现浇板平面图 1:100
21.000

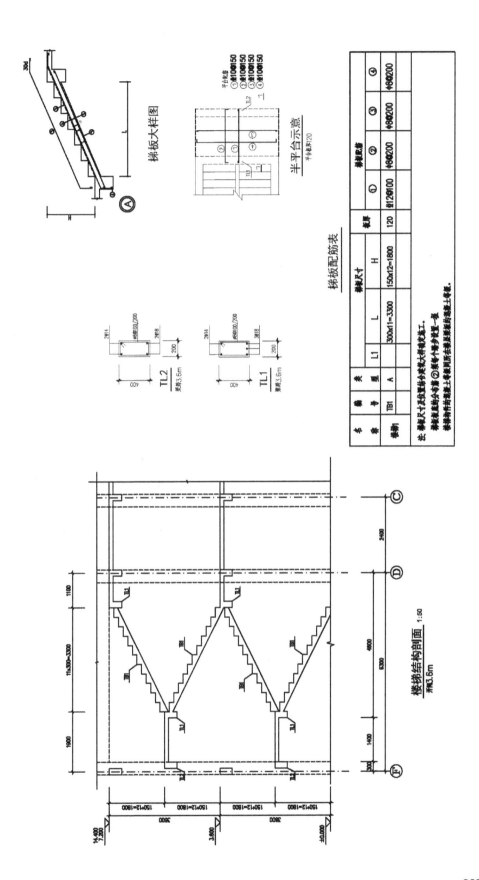

梯板大样图

半平台示意
平台板约120

梯板配筋表

名称	编号	类型	梯板尺寸			板厚	梯板配筋			
			L1	L	H		①	②	③	④
梯板	TB1	A		300×11=3300	150×12=1800	120	8φ12@100	φ8@200	φ8@200	φ8@200

注：梯板尺寸详见建筑大样施工。
梯板支座负弯矩按②伸入下表分区设置一排。
梯板钢筋均锚固至冬刷所注混凝土板或混凝土梯梁。

平台板
① 2φ10@150
② φ10@150
③ φ10@150
④ φ10@150

TL2
梯梁3.6m

TL1
梯梁3.6m

楼梯结构剖面 1:50
标高3.6m

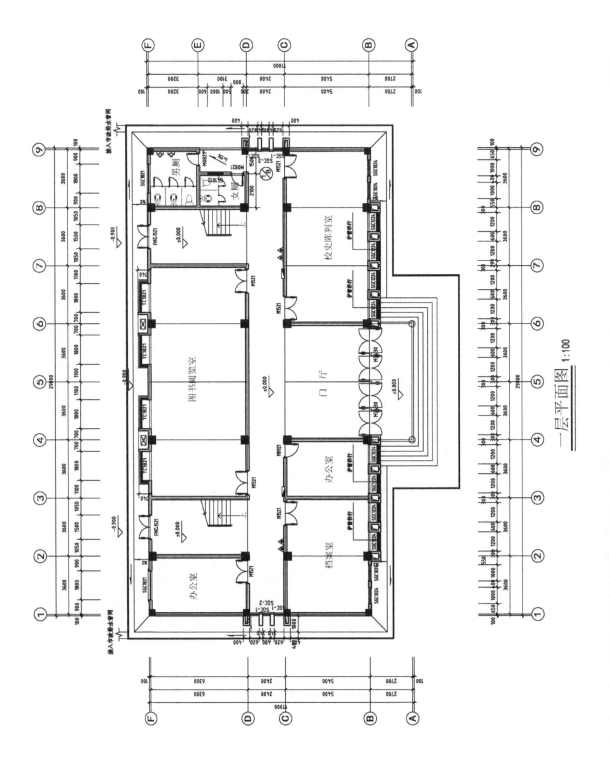

一层平面图 1:100

228

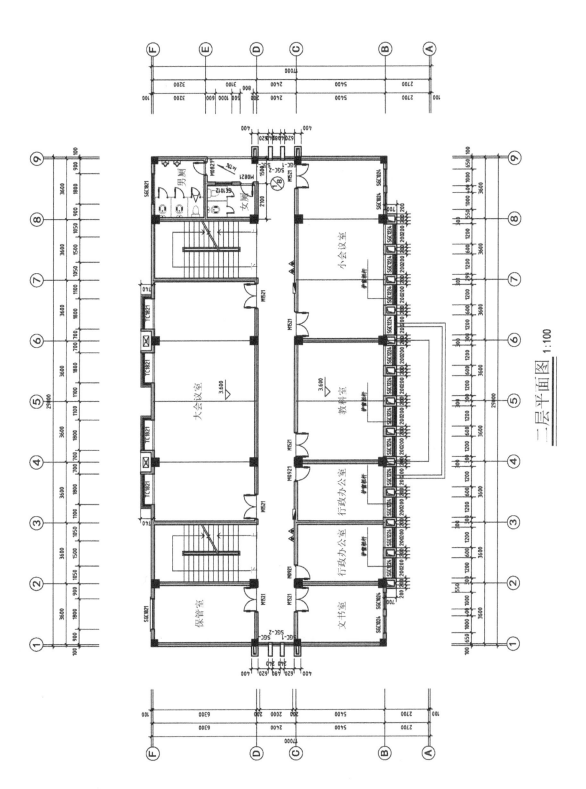

二层平面图 1:100

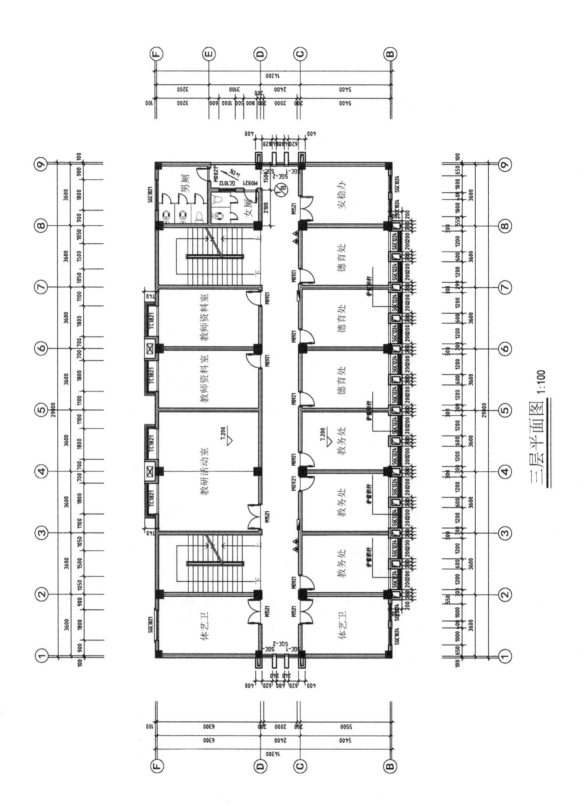

三层平面图 1:100

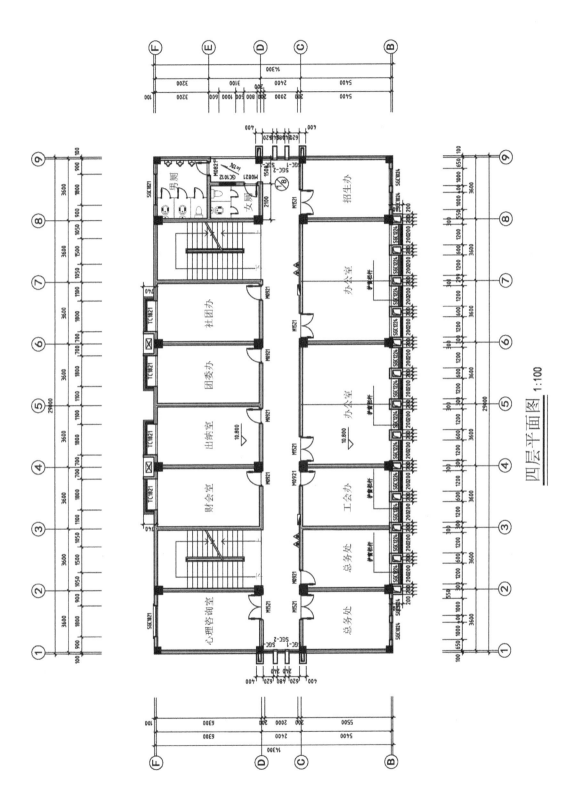

四层平面图 1:100

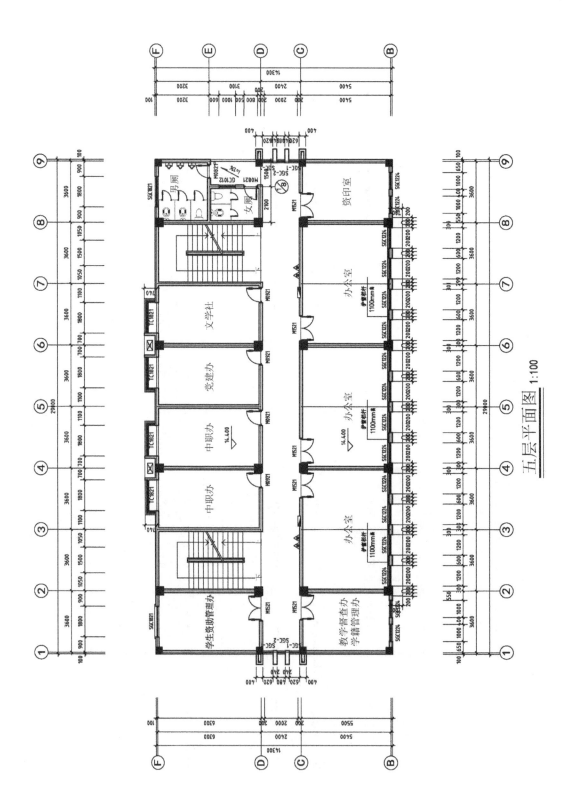

五层平面图 1:100

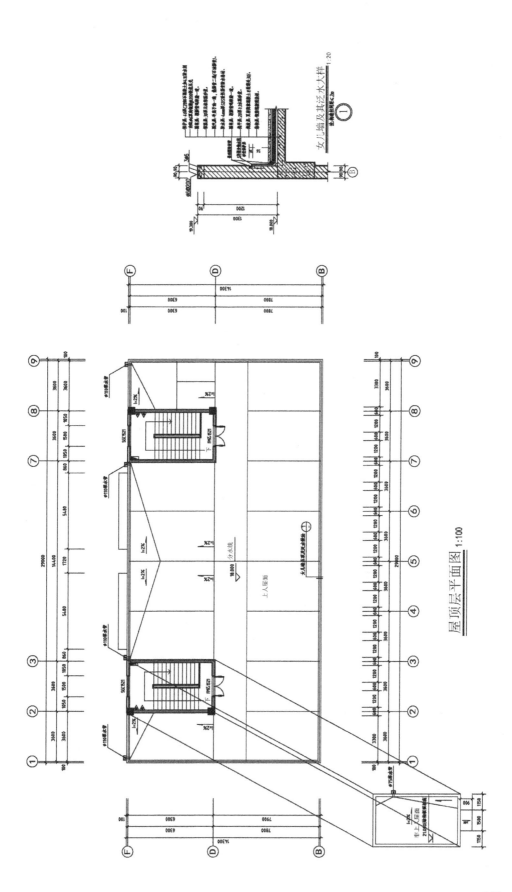

屋顶层平面图 1:100

女儿墙及其泛水大样 1:20

233

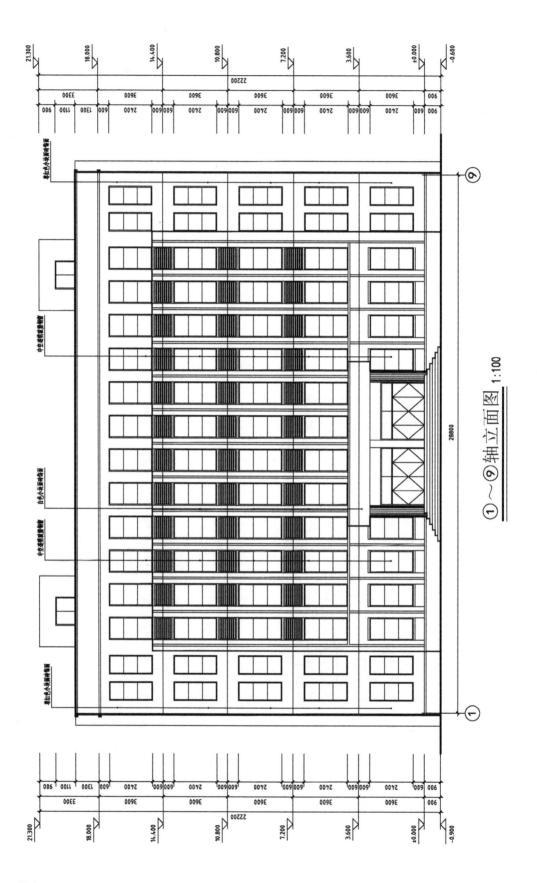

①～⑨轴立面图 1:100

234

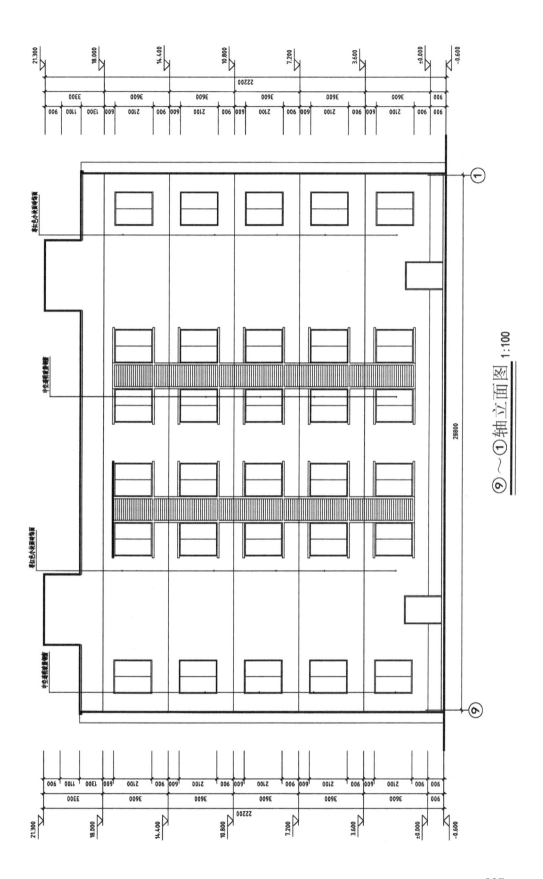

⑨～① 轴立面图 1:100

235